AKADEMIE DER WISSENSCHAFTEN DER DDR

Veröffentlichungen des Forschungsbereichs Kosmische Physik

Herausgegeben von H. Stiller und H.-J. Treder

HEFT 11

Möglichkeiten der experimentellen Schwerkraftforschung

von

Max Steenbeck †
Hans-Jürgen Treder

AKADEMIE-VERLAG · BERLIN

1984

ISSN 0138-4600

Erschienen im Akademie-Verlag, DDR-1086 Berlin, Leipziger Straße 3—4

Lizenznummer: 202 · 100/434/84
Printed in the German Democratic Republic
Gesamtherstellung: VEB Druckhaus „Maxim Gorki", 7400 Altenburg
Lektor: Dipl.-Met. Heide Deutscher
LSV: 1435
Bestellnummer: 763 343 8 (2156/11)
01000

„Voraussichtlich wird auch das bisherige Dunkel über das Wesen der Schwerkraft etwas aufgehellt sein. Ob und wie weit um die Jahrtausendwende eine Beeinflussung der Schwerkraft möglich sein wird, ist gegenwärtig nicht voraussehbar."

P. A. Thießen (1964)

Unserem verehrten Freund

PETER ADOLF THIESSEN

zugeeignet.

Max Steenbeck
Hans-Jürgen Treder

Inhalt

I. Newtons Gesetz und dessen experimentelle Prüfung

Die Gravitation ist die älteste den Menschen bekannte Naturkraft, und jeder kennt und erlebt sie im täglichen Leben als Schwere und Gewicht und durch den eindrucksvollen Effekt des Fallens von Körpern auf die Erdoberfläche. Die Alltäglichkeit und Selbstverständlichkeit dieses Geschehens erschwerte allerdings auch die Entwicklung von Vorstellungen über die Gravitation als Naturkraft, denn solche Überlegungen setzen voraus, daß in Gedanken von ihrer Existenz abstrahiert wird und man sich dann über das Auftreten der Kraft wundert! Dennoch haben bereits die griechischen Naturphilosophen von Demokrit über Aristoteles und Epikur bis Johannes Philoponos über die Eigenschaften des freien Falles und dessen Zusammenhang zwischen dem Gewicht der irdischen Körper einerseits und der Bewegung der Himmelskörper andererseits nachgedacht. Im Mittelalter diskutierte man immer wieder über die Ansichten der antiken Denker über den freien Fall und die Schwere der Körper.

Die wissenschaftliche Erkenntnis der Gesetzmäßigkeit der Gravitation, ihre experimentelle Erforschung und ihr theoretisch-mathematisches Verständnis, begann, angerissen durch die neuen Fragestellungen von Nicolaus Copernicus einerseits mit der Entdeckung der Bewegung der Planeten um die Sonne durch Johannes Kepler und andererseits durch die experimentelle Erforschung und mathematische Darstellung der Fallgesetze durch Galileo Galilei. Kepler wies bereits darauf hin, daß dem freien Fall der irdischen Körper und der Bewegung der Planeten um die Sonne ein und dasselbe physikalische Phänomen, eine universelle Anziehungskraft, zugrunde liegt, die die Bewegungen der Körper beschleunigt. Galilei zeigte experimentell die Universalität der Gravitationswirkung und wies nach, daß der freie Fall der Körper von ihrer Größe, Dichte und Form völlig unabhängig ist.

Auf diesen Grundlagen formulierte Isaac Newton schließlich sein Gravitationsgesetz als integrierenden Bestandteil der von ihm begründeten Dynamik und Himmelsmechanik, Newton lehrte, Galilei verallgemeinernd, die universelle Proportionalität von Gewicht und Materiemenge. Er unterschied die als „Menge der Materie" anzusehende träge Masse m eines Körpers sowohl von seiner Fähigkeit, auf eine gegebene Gravitationskraft zu reagieren, der passiven schweren Masse M, als auch von derjenigen, umgekehrt eine solche Gravitationskraft zu erzeugen, seiner aktiven schweren Masse $\mathfrak{M}$. Newton lehrte dann aber, daß drei verschiedene Arten von „Massen" universell proportional zueinander sind.

Newton gab weiter die allgemeine Struktur der Gravitationskraft an. Sie ist nach ihm ein „Kraftfluß" — wir sagen heute „Feldstärke" — $\mathfrak{F}$, eine „den Raum einnehmende" Wirkung der Massen aufeinander, die von nichts anderem als von den gravitierenden Massen selbst abhängt. Der Kraftfluß der Gravitation kann daher durch einen leeren Raum weder verstärkt noch vermindert werden. (Dies hat er mit dem Lichtstrom gemeinsam.) So ergibt sich Newtons Gravitationsgesetz, das die gravitative Wechselwirkung zwischen zwei Massen m_1 und m_2 durch den Kraft-Vektor

$$\mathfrak{K}_{12} = -\frac{f m_1 m_2}{r_{12}^3}\,\mathfrak{r}_{12} = -\frac{\mathfrak{M}_1 M_2}{r_{12}^3}\,\mathfrak{r}_{12} = \frac{M_1 \mathfrak{M}_2}{r_{12}^3}\,\mathfrak{r}_{21} \tag{1}$$

beschreibt. f ist hierbei eine universelle Konstante, NEWTONS Gravitationskonstante, welche passive und aktive Schwere miteinander verbindet:

$$\mathfrak{M} = fM. \tag{2}$$

Die Bewegung beider Massen unter dem Einfluß ihrer wechselseitigen Gravitation ist dann nach NEWTON durch

$$m_1\ddot{\mathfrak{r}}_1 = -m_2\ddot{\mathfrak{r}}_2 = \mathfrak{K}_{12} \tag{3}$$

gegeben, und es gilt die Erhaltung des Massenmittelpunktes, mit nämlich NEWTONS Gegenwirkungsprinzip „actio = reactio"

$$m_1\ddot{\mathfrak{r}}_1 + m_2\ddot{\mathfrak{r}}_2 = 0. \tag{4}$$

NEWTONS Gravitationsgesetz identifiziert dementsprechend drei zunächst unterschiedlich definierte Größen, drei Arten von Massen: Diejenige Masse, die Newton „Menge der Materie" nennt (wir würden jetzt sagen: die Masse, die der Zahl der Elementarteilchen proportional ist), ist die träge Masse m. Sie wird für jeden Körper A auf dynamische Weise durch das Verhältnis seiner Beschleunigung $\ddot{\mathfrak{r}}_A$ durch eine gegebene Kraft $\mathfrak{K}_A$ bestimmt, nämlich gemäß NEWTONS 2. Bewegungsaxiom

$$m_A = \frac{|\mathfrak{K}_A|}{|\ddot{\mathfrak{r}}_A|}. \tag{5}$$

Die aktive schwere Masse $\mathfrak{M}_A$ ist gegeben durch den Kraftfluß $\mathfrak{F}_A$ des Schwerefeldes eines Körpers A, der nach NEWTON konstant ist. Mathematisch ergibt sie sich entsprechend dem von GAUSS für NEWTONS Kraftfelder hergeleiteten Integralsatz

$$\mathfrak{M}_A = \frac{1}{4\pi}\oint \mathfrak{F}_A\,\mathrm{d}\Omega, \tag{6}$$

wobei die Oberfläche Ω das gesamte Volumen des gravitierenden Körpers umschließt. (Nach NEWTON und GAUSS kann dieses Oberflächen-Integral auch in unendlicher Entfernung vom Körper genommen werden, ohne das Ergebnis zu ändern.)

Schließlich bestimmt M_A, die auf einen Körper in einem gegebenen Gravitationsfeld $\mathfrak{F}$ wirkende Kraft, wiederum entsprechend NEWTONS 2. Axiom

$$m_A\ddot{\mathfrak{r}}_A = M_A\mathfrak{F} = \mathfrak{K}_A. \tag{7}$$

Die „Äquivalenz von Trägheit und Schwere" in GALILEIS Fallgesetzen behauptet dann zunächst, daß die träge Masse m und die passive schwere Masse M bei jedem Körper immer die gleichen Größen sind, daß also universell

$$m = M \tag{8}$$

gilt. — Darüber hinaus besagt dann NEWTONS Gegenwirkungsaxiom, daß die Wirkung des Körpers I auf den Körper II entgegengesetzt gleich der Wirkung des Körpers II auf den Körper I ist, und daß damit auch die aktiven und passiven schweren Massen proportional sind:

$$\mathfrak{M} = fM = fm \tag{9}$$

($\mathfrak{M}$ = aktive schwere Masse, M = passive schwere Masse, m = träge Masse).
Eine allgemeinere Gravitationstheorie als die Newtonische würde durchaus drei Massen als unterschiedliche Größen einzuführen haben.

Im entsprechenden Zweikörperproblem würden dann die Bewegungsgesetze für zwei Massen (mit NEWTONS Gravitationsgesetz) lauten:

$$\begin{aligned} m_1\ddot{\mathfrak{r}}_1 &= -\frac{M_1\mathfrak{M}_2}{r_{12}^3}\,\mathfrak{r}_{12} = \mathfrak{K}_{12}\,, \\ m_2\ddot{\mathfrak{r}}_2 &= \frac{M_2\mathfrak{M}_1}{r_{12}^3}\,\mathfrak{r}_{12} = \mathfrak{K}_{21}\,. \end{aligned} \tag{10}$$

Hierbei ergibt sich i. allg. eine Beschleunigung des Massenmittelpunktes (Trägheitsmittelpunktes), nämlich als Folge der Brechung des Gegenwirkungsprinzips. Es ist ja jetzt:

$$m_1\ddot{\mathfrak{r}}_1 + m_2\ddot{\mathfrak{r}}_2 = \mathfrak{K}_{12} + \mathfrak{K}_{21} = \frac{\mathfrak{r}_{12}}{r_{12}^3}\,(\mathfrak{M}_1 M_2 - \mathfrak{M}_2 M_1)\,, \tag{11}$$

und für die Relativbewegung findet man (mit $\mathfrak{r}_{12} = \mathfrak{r}_1 - \mathfrak{r}_2$)

$$\ddot{\mathfrak{r}}_{12} = -\frac{\mathfrak{r}_{12}}{r_{12}^3}\left(\mathfrak{M}_1\,\frac{M_2}{m_2} + \mathfrak{M}_2\,\frac{M_1}{m_1}\right). \tag{12}$$

Die GALILEIsche Äquivalenz $m = M$ liefert aus (12) wieder die Grundlage des KEPLERschen Gesetzes für das Zweikörperproblem

$$\ddot{\mathfrak{r}}_{12} = -\frac{\mathfrak{r}_{12}}{r_{12}^2}\,(\mathfrak{M}_1 + \mathfrak{M}_2)\,. \tag{13}$$

Bereits hiermit (und ohne das Gegenwirkungsaxiom mit $fM = \mathfrak{M}$) folgt aus dem Zweikörperproblem zwar nicht die Erhaltung des Massenmittelpunktes, wohl aber die Erhaltung des Schwerpunktes, der i. allg. vom Trägheitsmittelpunkt verschieden sein kann, worauf schon EULER um 1750 hinwies, der an der universellen Proportionalität der drei Massen zweifelte:

$$\mathfrak{M}_1\ddot{\mathfrak{r}}_1 + \mathfrak{M}_2\ddot{\mathfrak{r}}_2 = 0\,. \tag{14}$$

Himmelsmechanisch ist nur dieser Satz testbar, so daß die Himmelsmechanik keine Aussagen über das Gegenwirkungsprinzip selbst macht.

Physikalisch würde man die Verletzung des Gegenwirkungsaxioms etwa damit erklären können, daß im Gegensatz zu NEWTONS Auffassung der Gravitationsfluß nicht nur von der Quantität der Materie abhängt, sondern entweder der freie Raum oder die Materie-Verteilungen in ihm „Gravitationsfluß" absorbieren oder erzeugen.

Die empirische Basis, auf die sich NEWTONS Gravitationstheorie stützt, waren GALILEIS Mechanik und die Himmelsmechanik. Die Himmelsmechanik bestätigte weitgehend die Richtigkeit des NEWTONschen Ansatzes; dies ist das Ergebnis mehrhundertjähriger Arbeit von Astronomen, beginnend mit EULER, LAGRANGE und LAPLACE im 18. Jahrhundert.

Laboratoriums-Experimente zur NEWTONschen Theorie sind sehr viel schwieriger ausführbar — zum Teil eben gerade wegen der Universalität dieses Phänomens. Während das Gravitationsgesetz $\frac{1}{r^2}$ von NEWTON für den leeren Raum himmelsmechanisch gut gesichert wurde, liefert die Himmelsmechanik — wie gesagt — weniger genaue Aussagen bezüglich der verschiedenen Äquivalenz-Postulate. Hier ergab aber die Laboratoriums-Physik wesentliche Verschärfungen der GALILEIschen Fallversuche, zunächst die Versuche mit physikalischen Pendeluhren (BESSEL um 1840) und dann EÖTVÖS' Versuche mit Torsionspendeln.

Die GALILEIsche Fallbeschleunigung g entspricht dem NEWTONschen „Kraftfluß" der Erde an der Erdoberfläche; dieser ist von der Größenordnung

$$g = \frac{f m_{\text{Erde}}}{R^2} \approx 10^3 \text{ gal} \approx 10^3 \text{ cm s}^{-2} \tag{15}$$

(wo R der Erdradius ist).

Außerdem wirkt auf jeden relativ zur Erde ruhenden Körper (in Abhängigkeit vom Breitengrad) eine ihr entgegengesetzte Zentrifugalbeschleunigung γ von der Größenordnung von 0 bis 5 gal. Die Gravitationsbeschleunigung wirkt auf die passive schwere Masse M, die Zentrifugalbeschleunigung auf die träge Masse m. Durch den Vergleich beider Wirkungen (ihr Austarieren) kann heute gezeigt werden, daß der experimentelle Unterschied zwischen träger und passiver Masse sehr klein sein muß; heute ist die Abschätzung

$$|m - M| < 10^{-11}\, m \tag{16}$$

akzeptiert. — Dies ist eine außerordentlich genaue Messung, deren Schärfe durch irdische Experimente wohl kaum mehr verbessert werden kann. Wir werden aber sehen, daß sie dennoch nicht ausreichend ist, um die heute wieder anstehenden Grundsatzfragen der Gravitationstheorie zu entscheiden.

Sehr viel problematischer ist die experimentelle Nachprüfung der zweiten Äquivalenz bei NEWTON, der Proportionalität $\mathfrak{M} = f \cdot M$. Hierzu bedarf es der Versuche von dem Typ, den um 1790 CAVENDISH zur experimentellen Bestimmung des Wertes der NEWTONschen Gravitationskonstante f erstmals benutzt hat: Hier wird der Gravitationsfluß $\mathfrak{F}$ eines Körpers bekannter Dichte ϱ und bekannten Volumens V, also bekannter Materiemenge $m = \varrho V$, auf einen kleineren Körper μ gemessen. Aber selbst wenn, wie es in den Präzisionsexperimenten nach CAVENDISH seit Ende des vorigen Jahrhunderts mehrfach üblich war, dieser große Körper m etwa ein Bleiklotz von einigen 100 kg Masse ist, also z. B. eine Bleikugel von 1 Meter Durchmesser, so ergibt diese Kugel an ihrer Oberfläche nur einen Gravitationsfluß von einigen 10^{-5} gal (1 gal $= 10^{\circ}$ cm s^{-2}). Es ist nämlich

$$|\mathfrak{F}| \approx \frac{f \varrho V}{R^2} \sim f \varrho R, \qquad V \sim R^3. \tag{17}$$

Hierbei ist ϱ die Massendichte und R die lineare Abmessung des Körpers m. Die Kleinheit der Beschleunigung ist die Folge der Kleinheit der Gravitationskonstanten f. Ihr Wert wurde seit CAVENDISH (1798) durch derartige Experimente bestimmt und wird jetzt bis auf vier Stellen genau angegeben zu

$$f = (6{,}672 \pm 0{,}004) \cdot 10^{-8}\,\mathrm{cm^3\,g^{-1}\,s^{-2}} \approx \frac{2}{3}\,10^{-7}\,\mathrm{cm^3\,g^{-1}\,s^{-2}},$$

wobei aber die letzte Stelle problematisch ist (H. CODATA 1975). Alle anderen universellen Naturkonstanten sind wesentlich genauer bekannt. Wegen der Schwäche der Gravitationsfelder nicht-kosmischer Massen ist die Gravitationskonstante kaum noch viel exakter bestimmbar. (H. GAVENDISH fand bereits $f = 6{,}71 \cdot 10^{-8}\,\mathrm{cm^3\,g^{-1}\,s^{-2}}$; R. v. EÖTVÖS (1896) $f = 6{,}65 \cdot 10^{-8}\,\mathrm{cm^3\,g^{-1}\,s^{-2}}$.) (vgl. G. T. GILLIES 1982).

Entsprechend der hier sehr viel schwächeren Gravitationsbeschleunigung ist beim CAVENDISH-Versuch auch die Äquivalenz zwischen aktiver und passiver Schwere sehr viel schlechter nachprüfbar. Die Abschätzung ist über eine Million mal ungenauer, und die neuesten, im irdischen Experiment kaum mehr verbesserbaren Versuche von L. B. KREUZER (USA) ergaben (1968):

$$|\mathfrak{M} - fM| \leqq 5 \cdot 10^{-5} fM. \tag{18}$$

Wie klein die NEWTONsche Gravitations-Wechselwirkung im Vergleich zu allen anderen Wechselwirkungen tatsächlich ist, zeigt folgende Überlegung: Damit zwei gleich große Körperchen μ, die jeweils eine einzige Elektronenladung e tragen und sich deswegen nach dem COULOMBschen Gesetz abstoßen würden, dies durch ihre Newtonische Anziehung gerade kompensieren, muß für die Massen dieser Körper gelten:

$$\frac{e^2}{r^2} = \frac{f\mu^2}{r^2} \to \mu = \frac{e}{\sqrt{f}}. \tag{19}$$

Daraus ergibt sich, daß diese Massen μ fast 10^{-6} g betragen müßten, d. h., sie würden die Masse von etwa 10^{18} Wasserstoffatomen haben.

Seit NEWTONS Zeiten beruhte die Himmelsmechanik auf der reinen Gravitationstheorie. Erst in unserer Zeit ist die von H. ALFVÉN und M. STEENBECK begründete kosmische Magnetohydrodynamik in ihrer kosmogonischen Bedeutung herausgearbeitet worden.

II. Die Newton-Einsteinsche Gravitationstheorie

NEWTONS Gesetz war über seine physikalische und himmelsmechanische Bedeutung hinaus Anlaß für die Entwicklung einer neuen mathematischen Disziplin, der Potentialtheorie, und die oben qualitativ dargestellten Aussagen über den gravischen Kraftfluß und seine Quelle in der Materie sind durch die Theoreme der Potentialtheorie von P. S. DE LAPLACE, S. P. POISSON und C. F. GAUSS mathematisch scharf formuliert worden. Diese Theoreme zeigen, daß sich das NEWTONsche Gesetz gerade dadurch auszeichnet, daß bei ihm vollständige Äquivalenz zwischen allen drei Massen besteht und daher das Gravitationsfeld einer Massenkugel völlig unabhängig von der Verteilung der Massen im Innern der Kugel ist, wenn Kugelsymmetrie besteht. (Wir wollen hier der Einfachheit halber immer Kugelsymmetrie annehmen.) Sie besagen ferner, daß es zur Bestimmung der Massen ausreicht, das Gravitationsfeld in beliebig weiter Entfernung von den Massen zu kennen.

Nach dem Vorbild von NEWTONS Gesetz begründeten PRIESTLEY, CAVENDISH und vor allem COULOMB (1784) die Grundgesetze des statischen, elektrischen und magnetischen Feldes. Das COULOMBsche Gesetz für die Abstoßung zweier elektrischer Ladungen Q_{I} und Q_{II}

$$\mathfrak{K}_{\text{I II}} = \frac{Q_{\text{I}} Q_{\text{II}}}{r^3_{\text{I II}}} \mathfrak{r}_{\text{I II}}$$

erscheint als völlig äquivalent zu NEWTONS Gesetz. Allerdings zeigte die experimentelle Forschung vor allem von Michael FARADAY, daß zumindest phänomenologisch die Materie auch auf andere Weise als Quelle und Senke des elektrischen Kraftflusses auf die elektromagnetischen Felder einwirkt. FARADAY entdeckte und erforschte u. a. die Dielektrizität ε und die Permeabilität μ der Materie, die bewirken, daß auch ungeladene, zwischen den Ladungen stehende Materie den elektrischen oder magnetischen Kraftfluß modifiziert, so daß im einfachsten Falle an die Stelle des COULOMBschen Gesetzes zum Beispiel das allgemeine Gesetz

$$\mathfrak{K}_{\text{I II}} = \frac{1}{\varepsilon(x^i)} \frac{Q_{\text{I}} Q_{\text{II}}}{r^3_{\text{I II}}} \mathfrak{r}_{\text{I II}}$$

tritt. Das sind Eigenschaften, die NEWTONS Konzeption der Gravitation grundsätzlich nicht enthält.

Darüber hinaus führte dann die Erforschung der elektrischen Ströme zu AMPÈRES Entdeckung (1820) der Verkettung zwischen strömender Elektrizität mit den Magnetfeldern und zur FARADAYS Entdeckung der elektromagnetischen Induktion, der Erzeugung von elektrischen Feldern durch sich verändernde Magnetfelder. Dies wurde die Grundlage für die FARADAY-MAXWELLsche Elektrodynamik, in der die MAXWELLschen Feldgleichungen (James C. MAXWELL, 1875) für vereinigte elektromagnetische Felder das COULOMBsche Gesetz als Spezialfall der ruhenden Elektrizität enthalten. Genau so ergeben dann Elektronentheorie und Quantenelektrodynamik die Ergänzungen und Verallgemeinerungen zur MAXWELLschen Theorie, die auch den Einfluß der Materie und des Vakuums zwischen den Ladungsträgern erfaßt.

Genau so, wie COULOMBS Gesetz und die FARADAY-MAXWELLsche Elektrodynamik eine Einheit bilden, so ist dies auch für NEWTONS Gravitationsgesetz und für EINSTEINS Allgemeine Relativitätstheorie der Fall. Albert EINSTEIN schuf die Allgemeine Relativitätstheorie zur Lösung der Aufgabe, nunmehr nach dem Vorbild der MAXWELLschen Theorie im Rahmen und auf Grund der Postulate der Lokalität, Kausalität und Relativität, die aus der Feldtheorie und aus der Speziellen Relativitätstheorie an die Gravitationstheorie zu stellen sind, allgemeine Feldgleichungen für die Gravitation zu begründen. Hierbei waren für EINSTEIN gerade diejenigen Merkmale wesentlich, in denen sich die Gravitation vom Elektromagnetismus grundsätzlich unterscheidet, nämlich die Universalität der Gravitation, die sich in der Äquivalenz von schwerer und träger Masse manifestiert. So wurden die bei NEWTON ausgesprochenen Prinzipien der Äquivalenz zwischen Trägheit und Schwere und der Gegenwirkung einschließlich der hieraus folgenden Unabhängigkeit des kugelsymmetrischen äußeren Gravitationspotentials $\Phi = -\frac{fm}{r}$ von der Massenverteilung $m = 4\pi \int \varrho(r)\, dr$ innerhalb der Kugel durch EINSTEINS Allgemeine Relativitätstheorie aufgeklärt, generalisiert und verschärft. Das Prinzip der Äquivalenz von träger und passiver schwerer Masse, das bei

NEWTON ein empirisches Faktum ist, wurde von EINSTEIN zum Grundprinzip der Allgemeinen Relativitätstheorie überhaupt gemacht.

Damit wird EINSTEINS Allgemeine Relativitätstheorie die logische Verallgemeinerung der NEWTONschen Gravitations-Statik zu einer Feldtheorie der Gravitation, die mit den Prinzipien der Kausalität und Relativität verträglich ist. Jede andere denkmögliche relativistische Feldtheorie der Gravitation ist von NEWTONS Prinzipien notwendig weiter entfernt als EINSTEINS Theorie und muß zur Ungültigkeit der oben genannten NEWTONschen Axiome führen.

Genau so, wie physikalisch relevante Korrekturen zu den MAXWELLschen Feldgleichungen grundsätzlich die Gültigkeit des COULOMBschen Gesetzes in der Elektrostatik modifizieren würden, so führen physikalisch wesentliche Korrekturen bzw. Verallgemeinerungen der EINSTEINschen Gravitationsgleichungen prinzipiell auch zu Abänderungen des NEWTONschen der Gravitationsgesetzes in seiner Gültigkeit für kugelsymmetrische Gravitationsfelder.

EINSTEINS Theorie beweist, daß das Äquivalent zu NEWTONS Potential, die SCHWARZSCHILDsche Metrik (Karl SCHWARZSCHILD 1916) der Raum-Zeit

$$\begin{aligned} ds^2 &= -\left(1 - \frac{2fm}{c^2 r}\right)^{-1} dr^2 - r^2 (d\vartheta^2 + \sin^2\vartheta\, d\varphi^2) + \left(c^2 - \frac{2fm}{r}\right) dt^2 \\ &= \sum_1^3 g_{ik}\, dx^i\, dx^k + \left(1 + \frac{2}{c^2}\Phi\right) c^2\, dt^2 \qquad (i, k = 1, 2, 3) \\ &= \sum_0^3 g_{\mu\nu}\, dx^\mu\, dx^\nu \qquad (\mu, \nu = 0, 1, 2, 3), \end{aligned} \tag{1}$$

die universelle Form des kugelsymmetrischen Feldes ist, unabhängig von der Massenverteilung im Innern des schweren kugelförmigen Körpers. Tatsächlich sind die allgemeinen Theoreme, die EINSTEIN selbst sowie die Physiker und Mathematiker D. BIRKHOFF (USA), W. PAULI (Schweiz) und M. v. LAUE vor rund 50 Jahren formuliert haben, das Gegenstück zu den in der NEWTONschen Potentialtheorie gültigen Gesetzen von LAPLACE, GAUSS usw.

Umgekehrt gilt auch, daß jede physikalische Korrektur, die man versuchsweise — als Hypothese oder semi-empirisch durch Experimente gezwungen — an das NEWTONsche Gravitationsgesetz anbringt und die das statische kugelsymmetrische Potential NEWTONS abändert, sich in die relativistische Feldtheorie hinein fortpflanzen muß und zu einer Umgestaltung der EINSTEINschen Gravitationsgleichungen zwingt. Dasselbe ist ja auch der Fall, wenn man anstelle des COULOMBschen Gesetzes ein anderes Grundgesetz der Elektrostatik annimmt; dann hat man die MAXWELLschen Gleichungen ebenfalls zu ändern bzw. zu erweitern.

Im Sinne von NEWTON und EINSTEIN ist die Wechselwirkung zwischen Gravitation und Materie dadurch gegeben, daß die Massendichte (Dichte der Materiemenge) bei NEWTON, LAPLACE und POISSON gemäß

$$\Delta\Phi = 4\pi f \varrho \tag{2}$$

— bzw. der Energie-Impuls-Tensor $T_{\mu\nu}$ bei EINSTEIN in der Allgemeinen Relativitätstheorie

$$R_{\mu\nu} - \frac{1}{2} g_{\mu\nu} R = -\frac{8\pi f}{c^4} T_{\mu\nu} \qquad \text{mit } T_0{}^0 = \varrho c^2 \tag{3}$$

— die Quelle des Gravitationsfeldes ist, und umgekehrt reagiert bei Newton wie bei Einstein die Materie mittels ihrer trägen Massen bzw. ihres Energie-Impulses dynamisch auf die Existenz eines Gravitationsfeldes. Weitere Wechselwirkungen zwischen dem Gravitationsfeld und der Materie enthält weder Newtons noch Einsteins Gravitationstheorie.

— Um mit Einstein zu sprechen: Die Newtonsche und die Einsteinsche Theorie zerlegen die physikalische Welt in zwei Summanden, in die Gravitation (und die damit gemäß Einstein zu identifizierende Raum-Zeit-Metrik) einerseits und die Materie (bzw. die Materiefelder) andererseits. Aber wie schon Einsteins mathematischer Vorgänger, Bernhard Riemann, der zum erstenmal über die Beziehungen zwischen Gravitation und Metrik nachdachte, so lehnte auch Einstein selbst die Endgültigkeit dieser Zerlegung energisch ab. Einstein verwies vielmehr auf die allgemeine erkenntnistheoretische Aussage des Mathematikers Henri Poincaré, daß tatsächlich nur die Summe von Geometrie und Physik den objektiven Wahrheitsgehalt der Physik ausmache.

Die grundlegenden empirischen Fragen zur Gravitationstheorie sind daher im Sinne von Riemann und Einstein auch immer Fragen zur „großen Unitarisierung der Physik", d. h. zu einer einheitlichen Theorie der Gravitation (bzw. der Geometrie) einerseits und der Partikeln und Materiefelder andererseits. Gesucht werden dann im Sinne der Unitarisierungsvorstellungen der Physik von M. Faraday und B. Riemann über A. Einstein und W. Heisenberg bis zur heutigen Konzeption einer einheitlichen Theorie aller physikalischen Wechselwirkungen diejenigen noch unbekannten Wechselbeziehungen zwischen der Gravitation und den Materiefeldern, die dann zusätzlich zu den von Newton und Einstein erforschten treten müssen, wenn die Aufspaltung in „Gravitation und Materie" nicht unbedingt gültig ist.

Damit führen die Fragen über mögliche empirische Grenzen des Newtonschen Gravitationsgesetzes, und zwar solche Grenzen, die dann auch für die Einsteinsche Theorie gelten, immer wieder auch auf die großen Grundlagenfragen der heutigen Physik überhaupt.

Die erste Frage wird sein, ob es Hinweise dafür gibt, daß in irgendeiner Weise die Newton-Einsteinschen Äquivalenzprinzipien mit ihrer Eindeutigkeit des kugelsymmetrischen Feldes gebrochen sind. Hierzu gehört auch die Suche nach Phänomenen bei der Gravitation, die Ähnlichkeit mit denen der Dielektrizität und Permeabilität der Materie bzw. des Vakuums haben. Wir werden sehen, daß dies zunächst zu der Frage führt, ob an die Stelle der Gleichungen Newtons in Abhängigkeit vom physikalischen Zustand der Materie und ihrer Wechselwirkungen mit ihrer Umwelt eventuell die Ungleichungen

$$M \leqq m \tag{4}$$

oder

$$\mathfrak{M} \leqq fM \tag{5}$$

treten, was tatsächlich eine Analogie zur Elektrostatik im Dielektrikum wäre.

Es gibt schon seit Newtons und dann wieder seit Faradays und Riemanns Zeiten einige wichtige Argumente dafür, daß die Wechselwirkungen zwischen Gravitation und Materie durch Newtons Gesetz nicht voll erfaßt werden. Diese Argumente verschärfen sich, wenn man Einsteins Relativitätstheorie hinzunimmt, wie insbesondere Einstein selbst zeigte.

Das allgemeinste Argument gegen Newtons Auffassung, daß der Gravitationsfluß nur proportional der Quantität der Materie ist, ist seit NEWTON das Problem der Absättigung der Schwerkraft, die verhindern soll, daß die Gravitationskraft von Systemen endlicher Dichte mit wachsender Ausdehnung unbeschränkt groß wird. In der Tat hat nach NEWTONS Gesetz die Gravitation eine unbegrenzte Wirkungssphäre:

$$|\mathfrak{F}| = \frac{\mathfrak{M}}{r^2} = \frac{fM^2}{r^2} \to \oint_{r\to\infty} \mathfrak{F}\, d\Omega = 4\pi f M. \tag{6}$$

Bei endlicher mittlerer Massendichte $\varrho > 0$ im Kosmos ergibt sich eine gravische Feldstärke, die unbegrenzt groß wird:

$$\mathfrak{F} \sim f\varrho r. \tag{7}$$

Für das elektrostatische Feld gilt zwar das gleich gebaute COULOMBsche Gesetz. Während sich aber die elektrischen Ladungen Q, wenn sie gleichnamig sind, gegenseitig abstoßen und, wenn sie ungleichnamig sind, sich bei ihrer Vereinigung kompensieren, gibt es nur „Quellen" des Gravitationsflusses, nämlich die aktiven Massen M; dagegen gibt es keine entgegengesetzten „Senken", und die Massen ziehen sich an, d. h., sie konzentrieren sich durch Accretion, wodurch dann die Kraftwirkung des Schwerezentrums weiter anwächst. Schon NEWTON fragte daher nach Korrekturen zu seinem Gesetz, ob nicht der Quantitätsfaktor $\mathfrak{M}$ des Kraftflusses (die im Unendlichen gemessene aktive schwere Masse) nach oben begrenzt wird, und zwar in Abhängigkeit von der tatsächlichen Massendichte ϱ.

RIEMANN bemerkte um 1850 hierzu, daß es für die Elektrizität und den Magnetismus im Kosmos gleich viele Quellen und Senken gibt; der Magnetismus besitzt nach FARADAY überhaupt keine freien Feldlinien. Für die Elektrizität scheint die Ladungssumme genügend großer kosmischer Systeme immer nahezu Null zu sein; sie ist ja auch schon für alle makroskopischen Körper angenähert Null.

Der Mechaniker und Elektrotechniker A. FÖPPL (München) machte schon 1897 darauf aufmerksam, daß NEWTONS Kraftgesetz $|\mathfrak{K}| = \frac{fM^2}{r^2}$ zwei Vorzeichen $\pm M$ der „Gravitationsladungen" M gestattet, genau so, wie COULOMBS Gesetz auf zwei Vorzeichen der elektrischen Ladungen führt. Nimmt man beide Vorzeichen ernst, so gäbe es neben den gewöhnlichen positiv schweren Körpern $+M$ sonst gleiche Körper mit negativer Schwere $-M$. Aber anders als in der Elektrostatik ziehen sich dann gleichnamige schwere Massen an, während sich ungleichnamige schwere Massen abstoßen. Schreibt man also — in der heutigen Sprache der Physik ausgedrückt — den Teilchen der Antimaterie nicht nur negative elektrische Ladungen, sondern auch negative schwere Massen zu, so könnte man mit FÖPPL weitreichende kosmologische Schlüsse ziehen, weil ja im Makrokosmos die gravische Wechselwirkung alle anderen weit überwiegt. Einige moderne kosmologische Hypothesen behaupten z. B., daß es gleich viel Materie und Antimaterie im Kosmos gibt, die sich in getrennten Sternsystemen agglomeriert hat. Die FÖPPLsche Abstoßung zwischen den positiven und negativen schweren Massen würde dann verhindern, daß die Sterne und die Antisterne jemals zusammenkommen und dabei zerstrahlen.

Aber FÖPPLS „negativ schwere Massen" widersprechen der Äquivalenz von Trägheit und Schwere. Auch die Antiteilchen besitzen positive träge Massen m. Vereinigt man also ein Teilchen und ein Antiteilchen, so besitzt die entstehende Annihilationsstrahlung positive Trägheit entsprechend der relativistischen Energie-Masse-Äquivalenz. Nach FÖPPL würde aber die Gesamtschwere eines Teilchen-Zwillingspaares verschwinden: $+M - M = 0$, d. h., im Gegensatz zur Erfahrung (Lichtablenkung) könnte die elektromagnetische Strahlung keine Schwere besitzen. Tatsächlich sind also vom Standpunkt der Gravitationstheorie Teilchen und Antiteilchen nicht unterscheidbar, und es gibt keine negativ schweren Teilchen.

NEWTONS Problem des unbeschränkt anwachsenden Gravitationsflusses ($\mathfrak{F} \sim \varrho \mathfrak{r}$) wird durch die Allgemeine Relativitätstheorie noch brisanter. Nach der Relativitätstheorie gibt es nämlich einen Grenzwert der Geschwindigkeiten, die Lichtgeschwindigkeit c, die im Rahmen der NEWTON-EINSTEINschen Gravodynamik auf einen Grenzwert der Gravitationspotentiale führt. Das NEWTONsche Gravitationspotential, z. B. einer Kugel mit dem Radius R, muß an deren Oberfläche

$$-\Phi(R) = \frac{fm}{R} = \frac{4\pi}{3} f\varrho R^2 < c^2 \tag{8}$$

sein, damit die Kugel nicht unter ihrer eigenen Schwerkraft zusammenbricht, ohne daß es irgendeine physikalische Kraft gibt, die das Zusammenschrumpfen auf exakt Null, das Punktförmigwerden der Kugel, verhindert. Auch dies ist eine Folge der Äquivalenz von Trägheit und Schwere. In Wahrheit besagt die Kombination von NEWTONS Gravitationsgesetz und EINSTEINS Relativitätsprinzip (und dies impliziert auch die Allgemeine Relativitätstheorie EINSTEINS), daß es physikalische Gründe dafür geben sollte, daß der Betrag des Gravitationspotentials einer Kugel niemals größer als c^2 werden kann, also immer

$$-\Phi(r) < c^2$$

ist. Weder NEWTONS noch EINSTEINS Gravitationstheorien enthalten aber solche physikalischen Effekte, und auch aus diesem Grunde bestritt EINSTEIN die allgemeine Gültigkeit seiner Gravitationstheorie für extreme physikalische Bedingungen.

Die EINSTEIN-SCHWARZSCHILDsche obere Grenze für das Gravitationspotential besagt, daß bei Überschreiten des Wertes c^2 das Prinzip der Kausalität verletzt würde und damit „Löcher“ in die Raum-Zeit-Struktur gelangen. Solche Löcher nennt man jetzt „black holes“, wobei einige Astrophysiker im Gegensatz zu EINSTEIN an die reale Existenz solcher „schwarzen Löcher“ glauben, während EINSTEIN selbst diese „Löcher“ für Grenzen der Gültigkeit seiner Gravitationstheorie ansah. In Gravitationstheorien mit einem Absorptions- oder Suppressionseffekt ist die Existenz schwarzer Löcher vermeidbar. Als Konsequenz des Relativitätsprinzips wären schwarze Löcher unvermeidlich, wenn tatsächlich alle drei Massearten exakt dieselben Werte haben. Können hingegen die schweren Massen kleiner als die trägen Massen werden, dann braucht es keine „black holes“ zu geben.

III. Die Absorption der Schwerkraft

Die Möglichkeit einer Absorption des Gravitationsflusses durch die kosmische Materie selbst wurde schon im Kreis der Mitarbeiter NEWTONS mit Sir ISAAC selbst diskutiert. Historisch wichtig waren hier die Bemerkungen des Astronomen E. HALLEY und des

Physikers M. FATIO. NEWTON faßte einige Ergebnisse dieser Diskussion in einigen der Fragen zusammen, die er in dem Anhang seiner „Optik“ formulierte. NEWTON fragte u. a. nach der Möglichkeit einer Absorption des Gravitationsfeldes durch die Materie.

Ein physikalisches Forschungsprogramm, das im Prinzip in der Lage wäre, die Frage nach einer Absorption des Schwereflusses durch die zwischen zwei Körpern stehende Materie experimentell erforschbar zu machen, entwickelte 1748 Michael LOMONOSSOW in einem Brief an EULER. LOMONOSSOWS Programm haben allerdings erst nach über anderthalb Jahrhunderten Roland von EÖTVÖS und Quirino MAJORANA experimentell zu realisieren versucht. Fast gleichzeitig diskutierte EULER mit dem französischen Aathematiker und Spezialisten für die Himmelsmechanik, CLAIRAUT, die Möglichkeit, Mbweichungen vom Gravitationsgesetz aus der Bewegung des Mondes um die Erde abzuleiten, und CLAIRAUT war zeitweilig der Ansicht, solche Effekte nachweisen zu ҹönnen.

Die Theorie der Bewegung des Mondes um die Erde galt bis zur heutigen Zeit der aktiven Raumforschung als das schärfste Prüffeld der exakten Gültigkeit der NEWTONschen bzw. NEWTON-EINSTEINschen Gravitationstheorie in der Himmelsmechanik. Denn die Bewegungsgesetze des Mondes sind ja nicht nur eine Konsequenz des Zweikörperproblems Erde—Mond; der Einfluß der Gravitation der Sonne übertrifft die Wechselwirkung zwischen Mond und Erde um den Faktor 9/4. Der Einfluß der Sonnengravitation variiert mit den variierenden Abständen von Erde und Mond zur Sonne, und diese Abstandsänderungen sind einerseits eine Folge der Exzentrizität ε der Erdbahn und andererseits das Ergebnis der Bewegung des Mondes um die Erde. Hierzu kommt seit LAPLACE nun noch der Übergang vom Dreikörper- zum Mehrkörperproblem, nämlich die notwendige Berücksichtigung der störenden Einflüsse der übrigen Planeten, insbesondere der Venus und des Jupiter, auf die Bewegungsbahnen von Erde und Mond. Zudem sind die Figuren von Erde und Mond von idealen Kugeln ziemlich verschieden, so daß Erde und Mond mathematisch nicht mehr durch Massenpunkte zu ersetzen sind.

Heute ist die Situation etwas anders: Statt die Bewegung des Mondes um die Erde zu studieren, erscheint es jetzt als hoffnungsvoller, die Bewegung künstlicher Satelliten empirisch-astronomisch und theoretisch-mathematisch zu verfolgen, wobei dann für die Fragestellungen ideal angepaßte Umlaufbahnen ausgewählt werden können und der Satellit selbst als idealer Massenpunkt gelten kann.

Den ersten mathematischen Ansatz dafür, eine Absorption der Gravitation im Sinne von LOMONOSSOW und EULER theoretisch zu erfassen, machte 1825 der große französische Mathematiker LAPLACE im Abschlußband seines Standardwerkes zur Gravitationstheorie und Himmelsmechanik, dem V. Band seiner „Mécanique Céleste“.

LAPLACE nahm an, daß die Absorption des Kraftflusses $\mathfrak{F}$ diesem selbst und der Menge der durchdrungenen Materie, dem Produkt von Dichte ϱ und Dicke dr, proportional sei: $\mathrm{d}\mathfrak{F} = \lambda\varrho\mathfrak{F}\,\mathrm{d}r$.

Dann wirkt ein Massenelement $\mathrm{d}m_{\mathrm{I}}$ auf ein anderes $\mathrm{d}m_{\mathrm{II}}$ mit dem Kraftfluß

$$|\mathrm{d}\mathfrak{F}^*| = \frac{f\,\mathrm{d}m_{\mathrm{I}}}{r^2}\exp\left(-\lambda\varrho_{\mathrm{I}}r\right). \tag{1}$$

Hierbei ist ϱ_{I} die Dichte dieses Massenelements, und λ ist eine neue universelle Konstante von der Dimension „Fläche pro Masse“. Aber auch das Massenelement $\mathrm{d}m_{\mathrm{II}}$ absorbiert nicht nur seinen eigenen Kraftfluß, sondern auch den, der von $\mathrm{d}m_{\mathrm{I}}$ ausgeht, während umgekehrt dies $\mathrm{d}m_{\mathrm{I}}$ auch mit dem Kraftfluß $\mathrm{d}m_{\mathrm{II}}$ tut. Insgesamt ergibt sich bei Absorption des Gravitationsflusses daher statt des NEWTONschen Gravitationsgesetzes näherungsweise das Gravitationsgesetz von LAPLACE:

$$d\mathfrak{K}^*_{\mathrm{I\,II}} = -f\,\frac{dm_{\mathrm{I}}\,dm_{\mathrm{II}}}{r^3_{\mathrm{I\,II}}}\,\mathfrak{r}_{\mathrm{I\,II}}\exp\left(-\lambda\int_{-dR_{\mathrm{I}}}^{+dR_{\mathrm{I}}}\varrho_{\mathrm{I}}\,dr\right)\exp\left(-\lambda\int_{-dR_{\mathrm{II}}}^{+dR_{\mathrm{I}}}\varrho_{\mathrm{II}}\,dr\right). \qquad (2)$$

Hierbei sind dR_{I} und dR_{II} die Halbmesser der Massenelemente. Geht man von den Massenelementen zu endlichen Körpern über, so erhält man in derselben Approximation das neue Gravitationsgesetz (H. v. SEELIGER, 1895)

$$\mathfrak{K}^*_{\mathrm{I\,II}} = -\frac{f m_{\mathrm{I}} m_{\mathrm{II}}}{r^3_{\mathrm{I\,II}}}\exp\left(-\lambda\int\varrho\,dr\right)\mathfrak{r}_{\mathrm{I\,II}}. \qquad (3)$$

Nun werden bei normalen Himmelskörpern (entsprechend der guten Gültigkeit der NEWTONschen Gravitationstheorie) die Exponentialfaktoren $\exp(-\lambda\int\varrho\,dr)$ im allgemeinen nahezu 1 sein. Betrachtet man unter dieser Voraussetzung die gravitative Wechselwirkung zwischen zwei homogenen Kugeln mit den Radien R_{I} und R_{II}, den Massendichten ϱ_{I} bzw. ϱ_{II} und mit dem Abstand r zwischen ihren Mittelpunkten, so ist die gravische Wechselwirkung zwischen den beiden Kugeln nicht durch NEWTONS Gesetz

$$\mathfrak{K}_{\mathrm{I\,II}} = -f\,\frac{16}{9}\,\pi^2\varrho_{\mathrm{I}}R_{\mathrm{I}}{}^3\varrho_{\mathrm{II}}R^3_{\mathrm{II}}\,\frac{\mathfrak{r}}{r^3},$$

sondern approximativ durch das Gesetz

$$\mathfrak{K}^*_{\mathrm{I\,II}} = -f\,\frac{16}{9}\,\pi^2\varrho_{\mathrm{I}}\varrho_{\mathrm{II}}R_{\mathrm{I}}{}^3R^3_{\mathrm{II}}\left(1-\frac{3}{4}\,\lambda\varrho_{\mathrm{I}}R_{\mathrm{I}}\right)\left(1-\frac{3}{4}\,\lambda\varrho_{\mathrm{II}}R_{\mathrm{II}}\right)\frac{\mathfrak{r}}{r^3} \qquad (4)$$

von LAPLACE beschrieben.

Bei einer Absorption der Gravitation durch die Materie im Sinne von LOMONOSSOW und LAPLACE sind träge und schwere Masse also verschiedene Größen, es besteht jedoch die universelle Proportionalität $\mathfrak{M} = fM$ zwischen aktiver und passiver Schwere. Damit gilt

$$dM = \frac{d\mathfrak{M}}{f} = dm\exp\left(-\lambda\int\varrho\,dr\right), \qquad (5)$$

und für eine homogene Kugel mit der Dichte ϱ und dem Radius R folgt angenähert

$$M = \frac{4\pi}{3}\,\varrho R^3\left(1-\frac{3}{4}\,\lambda\varrho R\right) = m\left(1-\frac{3}{4}\,\lambda\varrho R\right); \qquad (6)$$

hier ist

$$M - m = \Delta M = -\frac{3}{4}\,\lambda\varrho R m \qquad (7)$$

der von LAPLACE berechnete „Schwereschwund" durch die Schwerkraftabsorption des Körpers.

Hieraus läßt sich bereits durch Experimente nach EÖTVÖS eine obere Grenze für die Extinktionskonstante λ angeben. Aus $|m - M| < 10^{-11}$ m folgt (unter Zugrundelegung der typischen Dimensionierungen der Körper bei diesen Versuchen), daß $\lambda\varrho R < 10^{-11}$

und damit $\lambda < 10^{-14}\,\mathrm{cm}^2\,\mathrm{g}^{-1}$ sein muß. Bei dieser Kleinheit von λ ist LAPLACES Gravitationsgesetz mit der experimentell geprüften Äquivalenz von Trägheit und Schwere verträglich, siehe Anhang II.

Da beim Zweikörperproblem nur die aktiven Massen bestimmt werden, bedarf es zur himmelsmechanischen Prüfung von LAPLACES „Gravitationsschwund" des Mehrkörpersystems. Das Dreikörperproblem liefert bereits neuartige nichtnewtonsche Effekte, und LAPLACE prüfte die Absorption des Gravitationsflusses am System Sonne—Erde—Mond. Im Vakuum gilt NEWTONS Gesetz; tritt aber der dritte Körper zwischen die beiden anderen, etwa die Erde E zwischen die Sonne S und den Mond P, gibt es also eine Mondfinsternis, so wird durch den Erdkörper ein Bruchteil $2\lambda\varrho_E R_E$ der Sonnen-Schwere $\frac{\mathfrak{M}_S}{r^2}$ absorbiert. Die Kraft, die auf den Mond einwirkt, ist bei Mondfinsternissen nicht mehr die Summe der Schwerkräfte von Erde und Sonne, sondern die Sonnenkraft beträgt nur (BOTTLINGER, DE SITTER)

$$|\mathfrak{F}_S{}^*| = \frac{\mathfrak{M}_S}{r^2}\,(1 - 2\lambda\varrho_E R_E). \tag{8}$$

Dies besagt impulsartige Änderungen der auf den Mond einwirkenden Gravitationskraft längs des Radiusvektors, also eine „Schattenwirkung".

Aber auch der „Gravitationsschwund" ΔM der einzelnen Körper wird sich beim Mehrkörperproblem bemerkbar machen. Die Schwerebeschleunigung der Erde durch die Sonne beträgt

$$\frac{\mathfrak{M}_S}{r^2}\left(1 - \frac{3}{4}\,\lambda\varrho_E R_E\right) \tag{9}$$

und ist daher um den „Gravitationsschwund"

$$-\frac{\mathfrak{M}_S}{r^2}\,\frac{3}{4}\,\lambda(\varrho_E R_E - \varrho_p R_p) \approx -\frac{\mathfrak{M}_S}{r^2}\,\frac{3}{4}\,\lambda\varrho_E R_E$$

kleiner als die des Mondes. Ähnlich geht, wie K. F. BOTTLINGER 1912 bemerkte, der Gravitationsschwund in das 3. KEPLERsche Gesetz ein.

Vergleicht man dieses Gesetz für die Bewegungen von Planeten und Sonne

$$\omega^2 r^3 = (\mathfrak{M}_S + f m_{\text{Planet}})\left(1 - \frac{3}{4}\,\lambda[\varrho R]_{\text{Planet}}\right)$$

mit dem für die Bewegung von Satelliten um die Planeten

$$\omega^2 a^3 \approx f(m_{\text{Planet}} + m_{\text{Satellit}})\left(1 - \frac{3}{4}\,\lambda[\varrho R]_{\text{Planet}}\right),$$

so läßt sich auch hieraus der Gravitationsschwund abschätzen: Für das System Sonne—Erde—Mond ergibt der Gravitationsschwund zusätzliche „Gezeiten-Kräfte", die LAPLACE 1825 angab; sie sind $\sim \frac{\mathfrak{M}_S}{r^3}\,\frac{\lambda}{4}\,\varrho_E R_E a$ und führen zu „nicht-Newtonischen" Schwankungen δa des Abstandes a zwischen Erde und Mond:

$$\delta a = \pm\frac{\lambda}{4}\,a\varrho_E R_E. \tag{10}$$

Diese Konsequenz eines „Gravitationsverlustes" durch die LAPLACE-SEELIGERsche Absorption des Gravitationsflusses wird nach R. DICKE (1964) auch als „Gravitationspolarisation" bezeichnet.

Beim 3. KEPLERschen Gesetz ergeben sich, wenn man mit BOTTLINGER wie üblich die „effektive Sonnenschwere" auf die Erdumlaufbahn bezieht, also auf die GAUSSsche Gravitationskonstante normiert, Differenzen δr zwischen den mit NEWTONS und den mit LAPLACES Gesetz berechneten Abständen r der Planeten zur Sonne:

$$\delta r \approx \frac{1}{3} \lambda r(\varrho_E R_E - \varrho_{\text{Planet}} R_{\text{Planet}}). \tag{11}$$

Ein geophysikalisch prüfbarer Effekt der Schwere-Absorption ist die Vergrößerung der NEWTONschen Gezeitenkräfte. Diese entstehen ja aus den Differenzen der Anziehungskräfte der Sonne bzw. des Mondes an den verschiedenen Punkten des Erdkörpers. Als Folge der Gravitations-Absorption durch den Erdkörper treten zu diesen NEWTONschen Gezeiten noch die hierdurch erzeugten physikalischen Änderungen des Kraftflusses, vor allem der Sonne. Die Gezeitenkräfte $\mathfrak{G}_S{}^*$ der Sonne sind daher größer als nach NEWTONS Gesetz. Mit der Entfernung r zur Sonne und dem Erdradius R_E betragen die NEWTONschen Gezeitenkräfte der Sonne

$$\mathfrak{G}_S = -\frac{2\mathfrak{M}_S}{r^3} R_E \approx -5 \cdot 10^{-5}\,\text{gal};$$

die wahren Gezeitenkräfte wären hingegen

$$\mathfrak{G}_S{}^* = -\frac{2\mathfrak{M}_S}{r^3} R_E \left(1 + \frac{\lambda}{2} \varrho_E r\right) = \mathfrak{G}_S \left(1 + \frac{\lambda}{2} \varrho_E r\right). \tag{12}$$

Schließlich sollte man die bereits von LOMONOSSOW diskutierte abschirmende Wirkung dazwischentretender Materie auf die Wechselwirkung zweier Körper im Laboratorium messen: Wiederholt man CAVENDISHS Versuchsanordnung beispielsweise mit zwei Kugeln der Massen m_{I} und m_{II} (z. B. die Erde selbst) und nimmt nun an, daß die erste Kugel in eine Kugelschale von Radius R und der Dicke ΔR sowie der Dichte ϱ eingebettet ist, so besagt NEWTONS Gesetz, daß die Kraft, die auf den Körper m_{I} wirkt, durch diese Kugelschale überhaupt nicht modifiziert wird. Hingegen behauptet LAPLACES Gesetz eine Verminderung der Gravitationskraft; es gelten die von Q. MAJORANA (1920) verwandten Formeln

$$m_{\text{I}}\ddot{\mathfrak{r}}_{\text{I}} = -\frac{m_{\text{I}}\mathfrak{M}_{\text{II}}}{r_{\text{I II}}^3}\,\mathfrak{r}_{\text{I II}}(1 - \lambda\varrho\Delta R),$$

oder differentiell geschrieben

$$\mathrm{d}|\mathfrak{F}^*| = \frac{\mathfrak{M}}{r^2} \exp\left(-\lambda\varrho\,\mathrm{d}x\right) + 2\pi f\varrho\,\mathrm{d}x. \tag{13}$$

Alle experimentellen Forschungen zur Absorption der Gravitation beziehen sich auf diese drei Fragestellungen. LAPLACE war der Ansicht, daß die von ihm mathematisch ausgebaute NEWTONsche Himmelsmechanik tatsächlich in der Lage sei, im Rahmen der astronomischen Meßgenauigkeit die Bewegung des Mondes exakt zu beschreiben. Hieraus schloß LAPLACE, daß die Korrekturen zum NEWTONschen Gravitationsgesetz so klein sind, daß

$$\lambda \leqq 10^{-15}\,\mathrm{g}^{-1}\,\mathrm{cm}^2$$

gelten müßte. — Die Astronomie des 19. Jahrhunderts zeigt dann aber empirisch und theoretisch, daß LAPLACES Auffassung zu optimistisch war. Tatsächlich enthält die Mondbewegung einige Eigentümlichkeiten (astronomisch gesprochen: empirische Glieder), die aus NEWTONS Himmelsmechanik nicht ableitbar sind. Das kann auf unzulänglichen Voraussetzungen über die Strukturen von Erde und Mond beruhen. Nimmt man diese Störterme aber ernst, so könnte man LAPLACES Schlüsse umkehren. Auf Grund des Hinweises von SEELIGER auf die grundsätzliche Bedeutung einer Absorption der Schwerkraft berechneten 1911/12 der holländische Astronom DE SITTER (bald darauf einer der Begründer der relativistischen Kosmologie) und SEELIGERS Schüler BOTTLINGER die Mondbewegung unter der Annahme einer solchen Absorption. Sie fanden, daß die Mondbewegung empirisch dann am besten dargestellt wird, wenn man $\lambda = 3 \cdot 10^{15}\,\mathrm{g}^{-1}\,\mathrm{cm}^2$ ansetzt. Dieser Wert ist so überraschend, daß es sich lohnt, ihn heute mit künstlichen Satelliten zu testen. DE SITTER und BOTTLINGER bezogen sich auf den Gravitationsverlust bei Mondfinsternissen. Man sollte erdnahe Satellitenbahnen wählen, bei denen pro Umlauf jeweils eine „Satelliten-Finsternis" eintritt, und diese Bahnen mit möglichst benachbarten Satellitenbahnen vergleichen, die aber zu weniger Finsternissen führen.

Die heutigen Laserechomessungen des Abstandes a Erde—Mond machen aber $\lambda \approx 10^{-15}\,\mathrm{g}^{-1}\,\mathrm{cm}^2$ unwahrscheinlich. Denn der LAPLACEsche Gravitationsschwund M führt zu nichtnewtonschen Schwankungen δa, die für $\lambda \approx 10^{-15}\,\mathrm{g}^{-1}\,\mathrm{cm}^2$ einige 100 Meter betragen würden, während die tatsächlichen Abweichungen von den NEWTONschen Werten nur einige 10 Meter betragen sollten.

Desgleichen sind durch Radarechos die Abstände der Erde zu einigen kleinen Planeten so gut vermessen und die Meßresultate stimmen so gut mit denen aus der NEWTON-EINSTEINschen Theorie überein, daß man wohl auch daraus auf $\lambda < 10^{-15}\,\mathrm{g}^{-1}\,\mathrm{cm}^2$ schließen darf (S. SHAPIRO 1966, 1979).

Die Absorptionshypothese in ihrer LAPLACEschen Form bricht das schwache Äquivalenzprinzip; daher gibt es hier strenge Abschätzungen für den höchsten Wert des MAJORANA-Koeffizienten. Eine ganz andere Situation besteht, wenn im Sinne von MAJORANA nur eine Absorption der aktiven Schwere $\dfrac{\mathfrak{M}}{r^2}$ angenommen wird, d. h., wenn die aktive schwere Masse und damit die effektive Gravitationszahl $\dfrac{\mathfrak{M}}{M}$ einen „Schwund" erleidet, während die passive Masse M gleich der Materiemenge m bleibt. — LAPLACES Ansatz entstand aus einer Analogie des „Gravitationsflusses" $\sim \dfrac{\mathfrak{M}}{r^2}$ zum „Lichtstrom". Der Schwund der aktiven Schwere allein ist hingegen feldphysikalisch begründbar; in der Tat ergibt die feldtheoretische „Suppression" der Schwerkraft bei Gültigkeit der Äquivalenz $m = M$ immer $\mathfrak{M} < fM$.

Der Schwund der aktiven Schwere ist dann für eine homogene Kugel $m = M = \dfrac{4\pi\varrho}{3} R^3$:

$$\mathfrak{M} = fM \exp\left(-\lambda \int \varrho \, \mathrm{d}r\right) \approx fM\left(1 - \frac{3}{4}\,\varrho\lambda R\right).$$

SEELIGERS Gravitationsgesetz lautet damit für das Zweikörperproblem

$$m_1\ddot{\mathfrak{r}}_1 = -\frac{m_1\mathfrak{M}_2}{r_{12}^3}\,\mathfrak{r}_{12} = -\frac{fm_1m_2}{r_{12}^3}\,\mathfrak{r}_{12}\left(1-\frac{3}{4}\,\lambda\varrho_2R_2\right),$$
$$m_2\ddot{\mathfrak{r}}_2 = -\frac{m_2\mathfrak{M}_1}{r_{12}^3}\,\mathfrak{r}_{21} = \frac{fm_1m_2}{r_{12}^3}\,\mathfrak{r}_{12}\left(1-\frac{3}{4}\,\lambda\varrho_1R_1\right), \tag{14}$$

so daß

$$m_1\ddot{\mathfrak{r}}_1 + m_1\ddot{\mathfrak{r}}_2 = \frac{\mathfrak{r}_{12}}{r_{12}^3}\,fm_1m_2\,\frac{3}{4}\,\lambda(\varrho_2R_2-\varrho_1R_1) \tag{15}$$

gilt. Das 3. KEPLERsche Gesetz behält seine alte Form

$$\omega^2 r_{12}^3 = \mathfrak{M}_1 + \mathfrak{M}_2. \tag{16}$$

Das schwache Äquivalenzprinzip ist von selbst erfüllt; dagegen ist nun die Proportionalität von fM und $\mathfrak{M}$ zu testen. Wir haben hier aber experimentell nur die Abschätzung

$$\left|\frac{fM-\mathfrak{M}}{fM}\right| \leqq 5\cdot 10^{-5},$$

und dies gibt (für Körper mit dem Radius 1 m angewandt)

$$\lambda \leqq 5\cdot 10^{-8}\ \mathrm{cm^2\,g^{-1}}.$$

Ferner gibt es auch keine „Gravitations-Polarisation“ beim Dreikörperproblem. Der einzige neue Effekt beim System Sonne—Erde—Mond ist die Abschirmung des Schwereflusses der Sonne durch den dazwischentretenden Erdkörper und das Auftreten der nichtnewtonschen Sonnengezeiten. Beides beruht auf dem „Schwund“ gemäß MAJORANAS Formel

$$\Delta\mathfrak{F}_S \approx \mathfrak{F}_S(1-2\lambda\varrho_ER_E) \tag{17}$$

und führt zu der Abschätzung

$$\lambda \leqq 10^{-15}\ \mathrm{cm^2\,g^{-1}}$$

(wobei auch noch BOTTLINGERS Wert möglich sein könnte) (S. THIESSEN und H.-J. TREDER).

Die Gravimetrie der Gezeitenkräfte muß sehr spezielle Eigenschaften des Erdkörpers und seiner jahreszeitlichen Verformungen berücksichtigen. Aber schon EÖTVÖS und A. A. MICHELSON betonten 1920, daß die Sonnengezeiten erfahrungsgemäß kleiner als die Mondgezeiten sind, genau so, wie es NEWTONS Theorie verlangt, die mathematisch aussagen würde, daß die Gezeitenkräfte der Sonne nur 5/11 derjenigen des Mondes betragen. Benutzt man dieses sichere Resultat für die Abschätzung des Extinktionskoeffizienten λ, so findet man

$$\lambda \leqq 10^{-14}\ \mathrm{g^{-1}\,cm^2}.$$

Im Laboratorium wurden im Sinne des oben erläuterten Versuches seit W. L. AUSTIN und L. B. TWINIG (1897) direkte Messungen der Absorption der Schwerkraft von EÖTVÖS um 1908 und von Q. MAJORANA um 1920 durchgeführt. EÖTVÖS fand für die

Schwerkraft der Erde keinen meßbaren Absorptionseffekt und schloß aus seiner Versuchsanordnung, daß $\lambda < 4 \cdot 10^{-13}\,\text{g}^{-1}\,\text{cm}^2$ sein müßte. Demgegenüber kam Q. MAJORANA zu einem positiven Resultat, aus dem er den phantastisch großen Wert für den „MAJORANA-Koeffizienten" $\lambda \approx \frac{2}{3} \cdot 10^{-11}\,\text{g}^{-1}\,\text{cm}^2$ erschloß. Aber dieser Wert ist nicht mit der Himmelsmechanik vereinbar und ergäbe die absurde Konsequenz, daß die Sonnengezeiten einhundertmal größer sein müßten als die Mondgezeiten! Alle späteren Experimentatoren fanden dagegen $\lambda < 10^{-13}\,\text{g}^{-1}\,\text{cm}^2$.

Die ideale Anordnung für ein Absorptionsexperiment vom MAJORANA-Typ wäre ein Satellit auf einer Umlaufbahn — mit dem Radius r — um ein Schwerezentrum $\mathfrak{M}$ (Sonne, Erde). Der Satellit sollte dabei eine Kugelschale der Dichte ϱ und der Dicke $\varDelta R$ sein, wobei R der Radius des Satelliten ist. Möge im Zentrum $R = 0$ des Satelliten ein kleiner Körper μ relativ zur Kugelschale ruhen. Die NEWTONschen Gezeitenkräfte auf diesem kleinen Körper betragen dann

$$\frac{2\mu\mathfrak{M}}{r^3}\,\mathrm{d}R,$$

wobei $\mathrm{d}R$ der Abstand von μ zum Mittelpunkt $R = 0$ ist. Dagegen ergibt MAJORANAS Gesetz eine zusätzliche homogene Beschleunigung von μ zum Satelliten:

$$\varDelta g = \frac{\mathfrak{M}}{r^2}\,\lambda\varrho\varDelta R$$

und damit eine GALILEIsche Fallbeschleunigung von μ in der Hohlkugel (in der Richtung vom Schwerezentrum $r = 0$ weg) mit dem Fallweg

$$\varDelta g = \frac{1}{2}\,\varDelta g t^2 = \frac{\mathfrak{M}}{r^2}\,\lambda\varrho\varDelta R t^2.$$

(Diese Formel gilt, solange $\frac{\mathrm{d}R}{R}$ klein gegenüber $\varDelta R\lambda\varrho$ ist.) — Darüber hinaus bewirken die NEWTONschen und die nicht-NEWTONschen Gezeitenkräfte eine Deformierung der Hohlkugel, deren Wirkung auf μ aber vernachlässigbar ist.

Betrachtet man z. B. den Umlauf der Hohlkugel auf einer erdähnlichen Bahn um die Sonne, so ist $\frac{\mathfrak{M}}{r^2} \approx 1\,\text{gal} = 1\,\text{cm}\,\text{s}^{-1}$. Für eine Dichte $\varrho \approx 10\,\text{gcm}^{-3}$ und eine Dicke R von einigen Dezimetern, d. h. für

$$\varrho\varDelta R \approx 10^2 \cdot|\cdot\, 10^3\,\text{g}\,\text{cm}^2,$$

würde dann der Fallweg $\varDelta s$ beim MAJORANAschen Wert $\lambda \approx 10^{-12}\,\text{g}^{-1}\,\text{cm}^2$ nach einem Tag und bei BOTTLINGERS Wert $\lambda \approx 10^{-15}\,\text{g}^{-1}\,\text{cm}^2$ nach einem Monat der Fallweg $\varDelta s$ bereits einige cm betragen! (s. Anhang I.)

Die äußeren Störungen der Satellitenbewegung (durch den Widerstand des kosmischen Staubes, den Solarwind, den Strahlungsdruck u. ä.) könnten durch eine zweite dünnere Kugelschale, die den Satelliten umgibt, abgeschirmt werden, so daß sich der Satellit tatsächlich „ungestört" und „kräftefrei" (bis auf die Gravitationskräfte) bewegt. Problematisch sind unbekannte systematische Abweichungen des Satelliten von der Kugelsymmetrie. Denn wäre irgendwo auf dem Satelliten eine kleine zusätzliche Masse

m angebracht, so ergibt dies auf μ eine zusätzliche Beschleunigung $f\,\frac{\Delta m}{R^2}$ in Richtung nach Δm.[1]

Unser Ansatz bezieht sich auf Massen und Dichten, die genügend klein sind, so daß eine approximative Behandlung der Gravitationsabsorption möglich ist. — Aber die Frage, die überhaupt zur Vorstellung einer Absorption der Schwerkraft führte, ist die einer oberen Grenze der schweren Massen $\mathfrak{M}$ bei großen Materiemengen m und hohen Dichten ϱ. — Schon aus den Näherungsformeln sieht man, daß mit wachsender Dichte und wachsendem Radius das Verhältnis von träger und schwerer Masse immer größer wird. Eine strenge elementargeometrische Überlegung, die von dem Berliner Mathematiker P. Dubois-Reymond um 1880 angestellt wurde (und die Seeliger und sein Schüler Karl Schwarzschild in die Astronomie übernahmen), zeigt nun, daß die aktive schwere Masse eines kugelförmigen Körpers der Dichte ϱ niemals größer als

$$\mathfrak{M}_0 = \frac{36\pi f}{\varrho^2\lambda^3} \tag{18}$$

sein kann. Die träge Masse, die Materiemenge m, dieser Kugel kann beliebig groß werden — alle zusätzliche Materie liefert wegen eines totalen Gravitationsschwundes keinen weiteren Beitrag zum gravitativen Kraftfluß mehr.

Auffallend ist aber die reziproke Abhängigkeit der maximalen schweren Masse vom Quadrat der Materiedichte ϱ. Daraus entsteht kein Problem für normale Sterne und Sternsysteme. Die heutige Astrophysik nimmt aber an, daß es Neutronen- bzw. Baryonen-Sterne gibt, deren himmelsmechanisch zu bestimmende Masse einige Sonnenmassen $\frac{\mathfrak{M}}{f} \approx 10^{33}$ ./. 10^{34} g beträgt, während ihre Dichte in etwa gleich der Neutronendichte $\varrho \approx \frac{3}{4\pi}\,\frac{\mu_N{}^4c^3}{h^3} \approx 10^{15}\,\mathrm{g\,cm^{-3}}$ ist. Der geometrische Radius R eines Neutronensterns ist dann nahezu gleich seinem Gravitationsradius $R \approx \left(\frac{m}{\varrho}\right)^{1/3} \approx \mathfrak{M}c^{-2}$.

Geht man aber z. B. mit Bottlingers Wert $\lambda \approx 3\cdot 10^{-15}\,\mathrm{g^{-1}\,cm^2}$ in die Gleichung (16) ein, so findet man für Materie mit Kerndichte eine maximale schwere Masse, die um 20 Zehnerpotenzen kleiner ist als die der Neutronensterne: $\frac{\mathfrak{M}_0}{f} \approx 10^{16}$ g(!) Verlangt man dagegen, daß es erstens Neutronensterne gibt und diese zweitens nicht weiter kollabieren, so kann man ebenfalls eine Abschirmungstheorie der Gravitation begründen, aber der Majorana-Koeffizient beträgt nur (mit der Plankschen Konstante h)

$$\lambda \approx \sqrt{\frac{hf}{r^3}}\,\frac{h}{\mu_N{}^2c} \approx 10^{-22}\,\mathrm{g^{-1}\,cm^2}, \tag{19}$$

und dieser Wert ist experimentell schwer nachprüfbar.

P. Dubois-Reymond bezog sich bei seiner Berechnung der maximalen schweren Masse $\mathfrak{M}_0$ übrigens auf eine spezielle Variante der Absorptionshypothese, die auf

[1] Wir geben im Anhang die Meßanordnung ausführlicher an. Es erweist sich dabei als sachgemäß, von der Bestimmung der Geschwindigkeit von μ relativ zum Satelliten auszugehen.

HUYGENS und auf NEWTONS Schüler N. FATIO zurückgeht und die sich auf EULER und LOMONOSSOW berufen kann. Alle anderen Ansätze liefern Ergebnisse, die sich davon nur um Faktoren der Größenordnung Eins unterscheiden. Die atomistische Struktur der Materie wird dabei als wesentlich für die Gravitationswirkung angesehen und die Proportionalität der Schwerkraft mit „gravischen Wirkungsquerschnitten" Σ_A der Körper A angenommen (und nicht die Proportionalität mit den Volumina). Diese Wirkungsquerschnitte werden aus den Materiemengen m_A mit Hilfe des Absorptionskoeffizienten λ gebildet:

$$\Sigma_A = \lambda m_A . \tag{20}$$

Sind dann die Flächen Σ_A sehr klein gegenüber den geometrischen Oberflächen der Körper: $\lambda m_A \ll \left(\frac{m_A}{\varrho_A}\right)^{2/3}$, so gilt das LAPLACEsche Kraftgesetz in der Form

$$\varrho^*_{\mp\,\mathrm{II}} = -\frac{\mathfrak{r}_{\mathrm{I\,II}}}{r^3_{\mathrm{I\,II}}}\,\frac{\gamma\Sigma_{\mathrm{I}}\Sigma_{\mathrm{II}}}{4\pi}\left(1-\frac{9}{16\pi}\,\frac{\Sigma_{\mathrm{I}}}{R_{\mathrm{I}}{}^2}\right)\left(1-\frac{9}{16\pi}\,\frac{\Sigma_{\mathrm{II}}}{R^2_{\mathrm{II}}}\right). \tag{21}$$

Ist dagegen

$4\pi\left(\frac{3m_A}{4\pi\varrho_A}\right)^{2/3} \geqq \lambda m_A$, so ergibt sich eine maximale aktive Masse (18) $\mathfrak{M}_A \approx \frac{36\pi f}{\varrho_A{}^2\lambda^3}$.

Im Kraftgesetz ist γ eine universelle Konstante

$$\gamma = \frac{4\pi f}{\lambda^2}. \tag{22}$$

Ihre physikalische Deutung als Druck oder Energiedichte des „Weltäthers" war Gegenstand verschiedener Hypothesen über die „Natur der Schwerkraft", d. i. über die Beziehung der Gravitation zu anderen physikalischen Kräften. An den Diskussionen hierzu waren hervorragende Physiker und Mathematiker beteiligt; wir erwähnen noch: LE SAGE (1784), PREVOST, RIEMANN (1850), W. THOMSON, MAXWELL,, Atom", 1875, ISENKRAHE, „Das Rätsel von der Schwerkraft", 1879, DRUDE, „Über Fernewirkungen", 1897, LORENTZ, „Betrachtungen zur Gravitation", 1900, ZENNECK „Gravitation", 1904, LODGE, „Weltäther", 1909, und POINCARÉ, „Wissenschaft und Methode", 1914.

IV. Suppression der Schwere und Relativität der Trägheit

EINSTEINS Relativitätstheorie führt zu dem Postulat, daß bei jedem Körper und jedem System von Körpern die „Gravitationsradien" $\mathfrak{M}/c^2$ immer kleiner als die geometrischen Abmessungen $\sim \left(\frac{m}{\varrho}\right)^{2/3} \sim R$ sein müssen. Wird diese Bedingung verletzt, so gibt es keine physikalisch sinnvollen Zustände mehr. Aber weder NEWTONS noch EINSTEINS Theorie enthalten zureichende Gründe für die notwendige Erfüllung der EINSTEINschen Bedingung

$$\left(\frac{m}{\varrho}\right)^{1/3} > \frac{\mathfrak{M}}{c^2}. \tag{1}$$

Im Gegenteil, durch die Accretion der Materie auf Grund ihrer gravischen Anziehung auf die Materie der Umwelt kann in kosmogonischen Zeiträumen die Massenanhäufung in bestimmten Raumgebieten so zunehmen, daß schließlich

$$\mathfrak{M}c^{-2} \approx f\varrho R^3 c^{-2} \gg R \tag{2}$$

gilt. Denn nach NEWTON und nach EINSTEIN ist die aktive schwere Masse $\mathfrak{M}$ dem Volumen proportional, und daher wächst das Gravitationspotential mit dem Quadrat der Ausdehnung des Körpers oder Körpersystems an:

$$|\Phi| \approx \frac{\mathfrak{M}}{R} \approx f\varrho R^2. \tag{3}$$

Eine Möglichkeit, EINSTEINS Bedingung für alle physikalisch realisierbaren Zustände im Kosmos zu erfüllen, ist die soeben besprochene Absorption der Schwerkraft. Aber die Absorptionstheorien nach LAPLACE und SEELIGER enthalten eine neue universelle Naturkonstante, den MAJORANA-Koeffizienten λ. Und nur dann, wenn diese Konstante „zufällig" genügend groß ist, wäre EINSTEINS Bedingung im realen Kosmos immer erfüllt. Befriedigender wäre es, die NEWTONsche und die relativistische Gravitationstheorie so aufzubauen, daß sie unter allen Umständen EINSTEINS Bedingungen erfüllt. Dies ist dann möglich, wenn die Wechselwirkung zwischen der Materie und der Gravitation komplexer ist als die bei NEWTON und EINSTEIN vorausgesetzte „minimale Kopplung" entsprechend den Äquivalenzen $m = M = \mathfrak{M}/f$.

Die Frage einer mathematisch notwendigen Begrenzung der Wirkung der Materie auf die Stärke des Gravitationsflusses tritt dann ein, wenn mit wachsendem Betrag des Gravitationspotentials Φ die Quellstärke sehr abnimmt, d. h., wenn der Gravitationsfluß nicht nur von der Massendichte ϱ, sondern auch von dem bereits vorhandenen Gravitationspotential abhängt.

Ein feldtheoretischer Ansatz, der diese Vorstellung der notwendigen Erfüllung der EINSTEINschen Bedingung enthält, ist die Ersetzung der POISSONschen Gleichungen durch eine Gleichung mit „potentialartiger Kopplung" zwischen ϱ und Φ:

$$\Delta\Phi = 4\pi f\varrho \left(1 - \frac{\alpha|\Phi|}{c^2}\right), \tag{4a}$$

(bzw. durch die ihr entsprechende relativistische Form der Gleichung). Hierbei ist α ein Zahlenfaktor größer Null. Eine relativistische Feldtheorie, die eine solche modifizierte POISSON-Gleichung als nicht-relativistischen Grenzfall enthält, (wie die bimetrische Tetradentheorie, TREDERS sogenannte T^4 — Theorie von 1967) bestimmt den Faktor exakt zu 1:

$$\Delta(c^2 + \Phi) = \Delta\Phi = \frac{4\pi}{c^2} f\varrho(c^2 + \Phi) = \frac{4\pi f\varrho}{c^2} \sqrt{g_{00}}. \tag{4b}$$

Aus dieser Gleichung folgt nun in der Tat die gewünschte automatische Erfüllung von EINSTEINS Bedingung. Anstelle des NEWTONschen Zweikörperproblems ergeben sich für die Wirkung zweier Körper der Masse m_1 und m_2 die Bewegungsgleichungen

$$m_1 \ddot{\mathfrak{r}}_1 = -\frac{f m_1 m_2}{r_{12}^3} \mathfrak{r}_{12} \left(1 - \frac{2 f m_1}{c^2 r_{12}}\right) \tag{5a}$$

und

$$m_2 \ddot{\mathfrak{r}}_2 = \frac{f m_1 m_2}{r_{12}^3} \mathfrak{r}_{12} \left(1 - \frac{2 f m_2}{c^2 r_{12}}\right). \tag{5b}$$

Diese sagen aus, daß der Massenmittelpunkt nunmehr verletzt ist:

$$m_1 \ddot{\mathfrak{r}}_1 + m_2 \ddot{\mathfrak{r}}_2 = \frac{2 f m_1 m_2}{r_{12}^3} \mathfrak{r}_{12} \frac{f}{c^2} (m_1 - m_2), \tag{6}$$

und sie besagen weiter, daß träge und passive schwere Masse — wie bei NEWTON und EINSTEIN — dasselbe sind, also $m = M$, daß hingegen die aktive schwere Masse sich von der passiven schweren Masse unterscheidet und immer kleiner als die letztere ist:

$$\mathfrak{M} = f m \left(1 - \frac{|\Phi|}{c^2}\right) < f m. \tag{7}$$

Gerade dies zeigt die Unterdrückung des Gravitationsflusses durch das Gravitationspotential selbst, die „Suppression" bzw. „Selbstabsorption" der Schwere an. Gravimetrisch und himmelsmechanisch meßbar sind dabei nur die Variationen der aktiven Masse $\mathfrak{M}$ in Abhängigkeit von der örtlichen und zeitlichen Variation des lokalen Wertes des Gravitationspotentials.

Solche Effekte sind auch im Rahmen von Gravitationstheorien mit veränderlicher „Gravitationskonstante" f seit P. A. M. DIRAC (1937), P. JORDAN (1947) und R. DICKE wiederholt diskutiert worden, wobei sich die Ansätze in ihren Konsequenzen meist nur durch Faktoren von der Größenordnung „Eins" unterscheiden.

Aber auch bei einem ausgedehnten Körper wirkt das eigene Gravitationspotential supprimierend ein. Für eine homogene Kugel finden wir anstelle der LAPLACEschen Absorptionsformel die „Suppression der Quell-Stärke"

$$\mathfrak{M} \approx f m \left(1 - \frac{4\pi}{3c^2} f \varrho R^2\right). \tag{8}$$

Aus ihm liest man bereits ab, daß $\mathfrak{M}$ immer einem Grenzwert $\mathfrak{M}_0$ zustrebt. Die exakte Rechnung führt immer auf Grenzwerte von der Größenordnung

$$\mathfrak{M}_0 \approx \frac{c^2}{\sqrt{f\varrho}}, \tag{9}$$

so daß immer EINSTEINS Bedingung erfüllt ist:

$$\mathfrak{M}_0 c^{-2} < \left(\frac{m}{\varrho}\right)^{1/3}. \tag{10}$$

Gleichzeitig sehen wir, daß für Kerndichte $\varrho_0 \approx 10^{16}\,\mathrm{g\,cm^{-3}}$ die Größe der aktiven schweren Masse

$$\mathfrak{M}_0 f^{-1} \approx 10^{34}\,\mathrm{g} \tag{11}$$

beträgt, also gerade von der Größenordnung der Sonnenmasse ist. Es gibt also Neutronensterne, aber ihre himmelsmechanisch bestimmbare schwere Masse wächst mit wachsender Partikelzahl nicht mehr an; ein Neutronenstern kann beliebig viele Elementarpartikeln enthalten, ohne daß seine astronomisch gemessene aktive schwere Masse größer als einige Sonnenmassen wird.

Auch diese weitreichenden theoretischen Aussagen über die Kopplung zwischen Gravitation und Materie lassen sich mit den heutigen Mitteln der Präzisionsphysik und der Raumforschung testen, wobei dieser Test jetzt nicht mehr nur zu einer oberen Grenze für den Wert einer unbekannten Naturkonstante führt wie bei der Absorptionstheorie, sondern ein echtes „experimentum crucis" darstellen würde.

Wir betrachten das System Sonne—Erde — und ein kleines Körperchen, das entweder ein Satellit oder ein terrestrischer frei fallender Körper sein kann. Die Suppressionstheorie der Gravitation führt dann zu der Aussage, daß die effektive schwere Masse der Erde $\mathfrak{M}_E$ vom Wert des Gravitationspotentials der Sonne S in der Distanz Erde—Sonne r_{ES} abhängt:

$$\mathfrak{M}_E \approx f m_E \left(1 - \frac{2\mathfrak{M}_S}{c^2 r_{ES}}\right). \tag{12}$$

Damit variiert auch die Schwerebeschleunigung durch den Erdkörper entsprechend

$$g^* \approx g \left(1 - \frac{2\mathfrak{M}_S}{c^2 r_{ES}}\right), \tag{13}$$

wobei $g \approx 10^3$ gal die GALILEIsche Schwerebeschleunigung ist.

Dies ergibt noch keine nachmeßbaren Effekte (sondern nur eine Umdefinition der Erdmasse), wenn sich der Abstand Sonne—Erde und damit das Gravitationspotential der Sonne in Erddistanz nicht ändern würde.

Tatsächlich bewegt sich aber die Erde auf einer KEPLER-Ellipse mit der Exzentrizität $\varepsilon \approx 1{,}6\%$.

Damit variiert die effektive schwere Masse und damit die Schwerebeschleunigung der Erde um den Betrag

$$\frac{\Delta g^*}{g} \approx 2\varepsilon \frac{\mathfrak{M}_S}{c^2 r_{ES}} \approx 6 \cdot 10^{-10} \tag{14}$$

im Jahr. Die Schwerebeschleunigung ist am kleinsten im Perihel und am größten im Aphel. Ein Betrag von

$$\Delta g^* \approx 6 \cdot 10^{-7} \text{ gal} \tag{15}$$

ist im Prinzip gravimetrisch meßbar; die relativen Genauigkeiten der Präzisions-Gravimeter sind hierzu gut genug. Aber während des Jahres ändern sich aus elementaren Gründen auch die auf die Erde wirkenden Gezeitenkräfte, und ferner verformt sich der Erdkörper und ändert dadurch die NEWTONsche Gravitationsbeschleunigung g, und diese Effekte sind größer als der gesuchte Effekt der Suppression. Dies macht die Schwierigkeit des Nachweises der Suppression aus — eine Schwierigkeit, die nicht mehr durch eine Verbesserung der relativen Meßgenauigkeit, sondern nur durch eine systematische Analyse aller anderen Effekte überwunden werden kann.

Analog der Suppression der Schwere würde sich ein anderes großes physikalisches Prinzip auswirken — wenn es in der Natur realisiert ist —, nämlich die Relativität der Trägheit. Diese äußerste Konsequenz der Relativitätsprinzipien nimmt mit C. HUYGENS und A. EINSTEIN an, daß — im Gegensatz zur NEWTONschen Konzeption eines „absoluten Raumes" — durch die Materie selbst alle Bewegungen und letztlich die gesamte Physik auf die kosmische Materie zu beziehen sind und daß — mit EINSTEIN zu sprechen — „Raum und Zeit selbst verschwinden, wenn die Materie aus ihnen verschwindet." Dagegen war NEWTON der Ansicht, daß es auch Raum und Zeit ohne Materie geben könnte.

Zunächst erscheint eine solche Frage als rein naturphilosophischer Natur, da die kosmologische Spekulation über eine „Entfernung der Materie aus dem Kosmos" ja niemals realisierbar ist. — Ernst MACH (1883) und Albert EINSTEIN (1913) haben aber darauf hingewiesen, daß die „Relativität der Trägheit" auch experimentell testbare Effekte einschließt. Als erste suchten — durch MACH veranlaßt — B. und J. FRIEDLÄNDER (1896) in Berlin und A. FÖPPL (1904) in München derartige physikalische Konsequenzen in Experimenten nachzuweisen. Heute sucht man nach physikalischen Effekten der Relativität der Trägheit beim Mehrkörperproblem der Himmelsmechanik und in der Gravimetrie. (Vgl. H.-J. TREDER, Anm. d. Phys. **39** (1982), 310.)

Diese Effekte ergeben sich daraus, daß der Bezug der Dynamik auf den Kosmos besagt, daß die trägen Massen der Körper in Wahrheit Funktionen der kosmischen Gravitationspotentiale sind: $m = m[\Phi]$. Daraus ergibt sich aber auch ein Einfluß der lokalen NEWTONschen Gravitationspotentiale $\mathfrak{M}/r$ auf die trägen Massen der Körper. Die exakte Theorie dieser „MACH-EINSTEIN-Doktrin" zeigt (H.-J. TREDER 1972), daß ein Körper mit der NEWTONschen Trägheit m_A in einem gegebenen lokalen Gravitationspotential eine effektive Trägheit

$$m_A{}^* = m_A \left(1 + 3\Sigma \frac{\mathfrak{M}_B}{c^2 r_B}\right) = m_A \left(1 - \frac{3\Phi}{c^2}\right) > m_A \tag{16}$$

besitzt — eine Formel, die EINSTEIN schon 1913 seinen frühen Ansätzen zur Allgemeinen Relativitätstheorie zugrunde legte. Die „Trägheitsinduktion" führt dazu, daß eine räumliche oder zeitliche Variation des lokalen Gravitationspotentials zu einer entsprechenden Änderung der trägen Massen führt, die dann nicht mehr — wie bei NEWTON — eine Konstante ist:

$$\delta m^* = -\frac{3\delta\Phi}{c^2}\, m. \tag{17}$$

Nur diese Änderungen sind meßbar. Daher gelten an einem bestimmten Ort und zu einer bestimmten Zeit immer GALILEIS, NEWTONS und EÖTVÖS' Äquivalenzprinzipien, nur ist der Proportionalitätsfaktor zwischen Trägheit und Schwere keine universelle Konstante mehr. (Dies hat die „MACH-EINSTEIN-Doktrin" mit den Hypothesen über eine veränderliche Gravitationskonstante f gemeinsam.)

Die Abhängigkeit der trägen Masse vom NEWTONschen Gravitationspotential ist ein typisch relativistischer Effekt. Beim KEPLERschen Zweikörperproblem der Himmelsmechanik ergibt sie gerade EINSTEINS Wert für die Perihelbewegungen. Die „Relativität der Trägheit" deutet sich so schon in der Allgemeinen Relativitätstheorie an.

Etwas Neues tritt erst wieder beim Dreikörperproblem auf: Für das System Sonne — Erde — kleiner Körper (Satellit) sieht man, daß nunmehr die träge Masse $m_P{}^*$ des Satelliten P eine Funktion seines Abstandes r zur Sonne S ist:

$$m_P{}^* = m_P \left(1 + \frac{3\mathfrak{M}_S}{c^2 r}\right) > m_P. \tag{18}$$

Hieraus folgt dann, daß die Fallbeschleunigung g^* des Satelliten in bezug auf die Erde umgekehrt mit dem Abstand zur Sonne anwächst:

$$g^* = g\left(1 + 3\,\frac{\mathfrak{M}_S}{rc^2}\right)^{-1} \approx g\left(1 - \frac{3\mathfrak{M}_S}{rc^2}\right). \tag{19}$$

Da hier die träge Masse im Perihel am größten und im Aphel am kleinsten ist, gilt für g^* qualitativ dasselbe wie bei der „Suppression der Schwere" (nur tritt ein Faktor 3/2 auf).

Etwas völlig Neues ergibt sich hingegen, wenn man den Umlauf des Satelliten (z. B. des Mondes) um die Erde berücksichtigt. Hier findet man eine ähnliche „Gravitationspolarisation" wie bei Laplaces „Schwerkraftschwund": Da der Mondumlauf angenähert in der Ebene der Ekliptik erfolgt, ist der Mond bei Neumond der Sonne um den Abstand Erde—Mond a näher und bei Vollmond um a weiter entfernt als bei Halbmond. Dies führt zu einer Variation der trägen Masse $m_p{}^*$ des Mondes vom Betrage

$$\frac{\delta m_p{}^*}{m_p} = \frac{3}{c^2}\,\frac{\mathfrak{M}_5}{r^2}\,a \approx 1{,}5\cdot 10^{-10}, \tag{20}$$

und dadurch ändert sich der Abstand Erde—Mond gegenüber den Werten aus der Himmelsmechanik um

$$\delta a \approx \frac{3}{c^2}\,\frac{\mathfrak{M}_S}{r}\,a \approx 2\cdot 10^3\ \text{cm}, \qquad (a \approx 384000\ \text{km}). \tag{21}$$

Der Mond ist bei Vollmond und Neumond um etwa 20 m weiter entfernt, als er dies bei „absoluter Trägheit" sein würde.

Eine derartige Variation der Entfernung gegenüber den rechnerischen Werten der Himmelsmechanik läßt sich heute mit Hilfe der auf dem Mond angebrachten Laser-Reflektoren grundsätzlich prüfen, denn die Laser-Echos ermöglichen, a bis auf wenige Dezimeter genau zu bestimmen. Sie haben tatsächlich zu dem Ergebnis geführt, daß die bisherige Theorie der Mondbewegung falsche Entfernungen angibt; die tatsächlichen Entfernungen weichen bis auf mehrere Dekameter davon ab.

Man kann hieraus aber noch keine Schlüsse für oder gegen die Newtonsche „Absolutheit" oder die Huygens-Mach-Einsteinsche „Relativität der Trägheit" ziehen: Denn die himmelsmechanische Theorie der Mondbewegung ist eben so kompliziert und die Mondgestalt so unregelmäßig, daß die theoretischen Berechnungen nicht ohne weiteres mit den Messungen vergleichbar sind (1 m ist ja weniger als der hundertmillionste Teil des Abstandes Erde—Mond und weniger als der millionste Teil des Mondradius).

Besser zu interpretieren wären wieder die Messungen des Abstandes von Satelliten, die sich dann aber in mondähnlichen Distanzen bewegen sollten, um die Variation des Sonnenpotentials auszunutzen.

Die formelmäßigen Beziehungen zwischen der Suppression der Schwere und der Relativität der Trägheit besagen, daß die Effekte beider Korrekturen zur Newton-Einsteinschen Gravitationstheorie nur gemeinsam getestet werden können. Die physikalische, ja, die philosophische Bedeutung solcher Experimente ist offenbar: Es steht bei Untersuchungen über die „Relativität der Trägheit“ die grundsätzliche Beziehung zwischen Raum und Materie, eine der großen naturphilosophischen Fragen überhaupt, zur experimentellen Entscheidung. Aber auch das Problem der „Suppression der Schwere“ ist im Sinne der Erfüllbarkeit des EINSTEIN-Kriteriums für die Selbstkonsistenz der Materie im Gravitationsfeld von großer Bedeutung.

Während bis vor einigen Lustren solche Fragen als experimentell völlig hoffnungslos galten und daher aus dem Interesse der Physiker und Astronomen verschwanden, ergeben sich heute Aufgabenstellungen sowohl für die Präzisionsphysik als auch für die aktive Raumforschung, die dazu führen werden, Grundfragen der Physik mit makroskopischen Methoden zu beantworten.

Bereits vor fast 20 Jahren in seiner Eröffnungsansprache zum Berliner „Einstein-Symposium“ 1965 bemerkte M. STEENBECK hierzu weiter: „Insbesondere aber haben die neuesten Entdeckungen der Astrophysik zu der Erkenntnis geführt, daß starke Gravitationsfelder mit extrem relativistischen Eigenschaften im Kosmos vorhanden sind. So wurde die Vermutung nahegelegt, daß sich ein Großteil der kosmischen Materie unter dem Einfluß starker Gravitationsfelder befindet und vielleicht alle Materie einmal unter dem Einfluß solcher Felder gestanden hat. Es kann also sein, daß die Geschichte und die heutige Struktur der Materie nur unter ausführlicher Berücksichtigung der von EINSTEIN begründeten Gravitationstheorie zu verstehen sein wird.“

Anhang 1

Zur Bestimmung der Gravitationskonstanten und zum Nachweis von Gravitationsstrahlung in einem kosmischen Laboratorium

In einem idealen physikalischen Laboratorium sind alle äußeren Störungen durch geeignete Abschirmungen ausgeschaltet (solche Abschirmvorrichtungen sind z. B. spiegelnde Außenwände, FARADAYsche Käfige, Dewar-Gefäße etc.). Wegen der Universalität und Massenproportionalität der Schwerkraft sind jedoch die Gravitationswirkungen der Außenwelt auf das Laboratorium grundsätzlich nicht abschirmbar. Dies bedingt Schwierigkeiten für die experimentellen Gravitationsforschungen im Laboratorium. (Vgl. STEENBECK und TREDER 1982, THIESSEN und TREDER 1982.)

Aber gerade wegen der Äquivalenz von Trägheit und Schwere ist die äußere Gravitation beim „freien Fall" des Laboratoriums durch die Trägheitskräfte kompensiert. In einem sich auf einer himmelsmechanischen Umlaufbahn bewegenden Satelliten S wirkt das äußere Gravitationsfeld $\mathfrak{F}$ nur noch als Gezeitenkraft $\sim \left(\frac{\partial \mathfrak{F}}{\partial x}\right) \Delta x$, die proportional der Entfernung Δx vom Schwerpunkt des Satelliten S (in der Umlaufbahn) ist.

Aber tatsächlich bewegt sich ein Satellit ja nicht „kräftefrei". Auf ihn wirken elektrische und magnetische Kraftfelder, der Reibungswiderstand der interplanetaren Materie, Strahlungsdruck, Solarwind etc. ein. Liegt aber der Satellit S (vom Radius l) im Zentrum einer großen Kugelschale K mit einem Radius $L \gg l$ (und einer Schalendicke $\Delta L \ll L$), hat diese Kugelschale die Eigenschaften eines FARADAYschen Käfigs etc. und wird K evakuiert, so bewegt sich S tatsächlich so lange kräftefrei, d. h. auf idealen himmelsmechanischen Bahnen, bis S an die innere Wand der Schale K stößt. Denn S ist ja relativ zum Schwerpunkt von K beschleunigt, da auf K auch nichtgravische Kräfte wirken. Zudem wird i. allg. auch die Umaufbahn von S nicht exakt mit der freien Umlaufbahn des Mittelpunktes von K zusammenfallen; es treten Relativgeschwindigkeiten, Relativbeschleunigungen und Gezeitenkräfte von S in K auf. Jedoch ist die Bahn von S ein ideales Etalon; durch Bestimmung der Lage S zur Wandung von K kann die Bewegung von K automatisch so gesteuert werden, daß S nirgends anstößt. Wegen der Kugelsymmetrie von K ist die Lage von S in K sonst bedeutungslos. Unser Laboratorium hat also ein oder mehrere Satelliten S in einer evakuierten Kugelschale K. Der Massenmittelpunkt des Satellitensystems S befindet sich auf einer himmelsmechanischen Umlaufbahn um die Erde oder um die Sonne.

Das Satelliten-Laboratorium ist besonders für die Bestimmung von Relativbewegungen

$$\mathfrak{r}_{AB},\ \mathfrak{v}_{AB} = \dot{\mathfrak{r}}_{AB},\ \dot{\mathfrak{v}}_{AB} = \ddot{\mathfrak{r}}_{AB},\ \text{mit } \mathfrak{r}_{AB} = \mathfrak{r}_A - \mathfrak{r}_B$$

geeignet. Wir nehmen an, daß sich die Hohlkugel mit dem Laboratorium auf einer Umlaufbahn um die Sonne M^* befindet (wobei wir etwa den Erdabstand s von der Sonne S als Bahnradius annehmen können).

Das Laboratorium soll nun aus 2 Satelliten, nämlich 2 homogenen Kugeln mit den

Massen M und m und den Radien A und a bestehen. Auf diese Kugeln wirkt von außen nach der NEWTONschen Gravitationstheorie die Gezeitenkraft der Sonne:

$$\frac{2fM^*}{s^3}\,\Delta x \approx 0{,}7 \text{ gal}\,\frac{\Delta x}{s}, \qquad s \approx 1{,}5 \cdot 10^{13}\,\text{cm}.$$

Dies führt zu Relativbeschleunigungen der Massen M und m in Abhängigkeit von der Differenz Δx ihres jeweiligen Abstandes von der Sonne:

$$\Delta\ddot{x} = \frac{2fM^*}{s^3}\,\Delta x. \tag{1}$$

Hierbei ist M^* die Sonnenmasse und f die NEWTONsche Gravitationskonstante.

Zwischen den Kugeln M und m besteht ferner die NEWTONsche Anziehung, die die Relativbeschleunigung

$$\ddot{\mathfrak{r}} = -\frac{f(M+m)}{r^3}\,\mathfrak{r} \tag{2}$$

ergibt, wobei $\mathfrak{r} = \mathfrak{r}_M - \mathfrak{r}_m$ der Abstandsvektor beider Massen ist.

Genügt die Relativgeschwindigkeit $\mathfrak{v} = \dot{\mathfrak{r}}$ beider Kugeln zueinander der Ungleichung

$$\mathfrak{v}^2 < \frac{2f(M+m)}{r}, \tag{3}$$

so bewegen sich diese Kugeln (abgesehen von der Gezeitenkraft) auf KEPLER-Ellipsen um ihren gemeinsamen Schwerpunkt und relativ zueinander; es gilt

$$\frac{1}{r} = \frac{1}{p(1-\varepsilon^2)}\,(1+\varepsilon\cos\varphi). \tag{4}$$

Das 3. KEPLERsche Gesetz ergibt für die Umlaufzeiten T

$$T^2 = \frac{4\pi^2 p^3}{f(M+m)}. \tag{5}$$

Hierbei ist p die große Halbachse der KEPLER-Ellipse (4), ihre Exzentrizität und somit

$$p(1-\varepsilon) \tag{6a}$$

bzw.

$$p(1+\varepsilon) \tag{6b}$$

Periastron bzw. Apastron der Kugel. Es ist zu fordern, daß die Dimensionen der KEPLER-Ellipsen so sind, daß sowohl

$$2p(1+\varepsilon) < L \tag{7a}$$

als auch

$$p(1-\varepsilon) > A + a \tag{7b}$$

gilt, wobei L der Durchmesser der abschirmenden Hohlkugel ist. Nach rechnerischem Abzug der Gezeitenkraft läßt sich mit als bekannt vorauszusetzenden Massen M und m

die NEWTONsche Gravitationskonstante f aus dem 3. KEPLERschen Gesetz bestimmen; es ist

$$f = \frac{4\pi^2 p^3}{T^2(M + m)}. \tag{8}$$

Hierbei ist die Umlaufperiode $\frac{1}{T}$ sehr genau meßbar. Demgegenüber wird die Bestimmung der großen Halbachse p aus der KEPLER-Ellipse (4) weniger genau sein.

Wirken auf dieses Zweikörper-System nach Maßgabe der Messungen außer den NEWTONschen Gezeitenkräften noch andere Störungen, so können diese in unserem Falle nur nicht-Newtonische Gezeitenkräfte sein, im vorliegenden Falle insbesondere diejenigen Gezeitenkräfte, die sich als Wirkung der Gravitationswellen auf das System ergeben.

In der Tat wird entsprechend dem EINSTEINschen Äquivalenzprinzip die Wirkung von Gravitationswellen auf ein System von Massen durch die gezeitenartige „geodätische Deviation“ gemäß T. LEVI-CIVITA (1926) beschrieben. In unserem Falle ergibt dies zusätzliche Relativbeschleunigungen:

$$\delta\ddot{x}^i = c^2 R^i_{ook} x^k, \qquad (\mathfrak{x} = \{x^i\}). \tag{9}$$

Hier bedeuten die R^i_{ook} „zeitartige“ Komponenten des RIEMANNschen Krümmungstensors $R^\alpha_{\beta\gamma\delta}$ der Gravitationsstrahlung. Die Rechnung auf Grund der linearisierten EINSTEINschen Gravitationsgleichungen ergibt dem Betrage nach (EINSTEIN 1919)

$$R^i_{ook} \sim c^{-2}\Omega^2 h, \tag{10}$$

so daß aus (9) eine zusätzliche Relativbeschleunigung von der Größenordnung

$$\delta\ddot{\mathfrak{x}} \sim \mathfrak{x}\Omega^2 h \tag{11}$$

resultiert. In (10) und (11) sind hc^2 die Amplitude der Gravitationsstrahlung und Ω deren Frequenz.

Die Gravitationsstrahlung wirkt als ein temporärer Impuls von der Dauer Δt. Sie wird dann für die Relativbewegung der Massen M und m wesentlich, wenn gilt

$$\Omega^2 h \Delta t \geqq \frac{f(M + m)}{p^3} T \approx 2\pi \sqrt{\frac{fm}{p^3}}.$$

Als Zahlenwerte finden wir, wenn wir M m einsetzen, für die ungestörten Umlaufperioden mit

$$M \approx 10^5\,\text{g}, \qquad p \approx 10^2\,\text{cm}, \qquad f \approx \frac{2}{3}\,10^{-7}\,\text{cgs},$$

$$T \approx \frac{2\pi \cdot 10^3\,\text{s}}{\sqrt{10^{-7} \cdot 10^5}} \approx 10^5\,\text{s},$$

also einige Wochen.

Die Schwierigkeiten der Längenmessungen werden vermieden, wenn man die große Kugel radial, vom Pol $x = +A$ zum Pol $x = -A$, mit einem schmalen Kanal durch bohrt, derart, daß für den Kanaldurchmesser d gilt

$$a \ll \frac{d}{2} \ll A.$$

Die kleine Kugel m kann sich dann innerhalb dieses Kanals radial bewegen. Dazu ist nötig, daß die Radialgeschwindigkeit $v = \dot{x}$ von m relativ zum Schwerpunkt von M der Bedingung

$$v < \sqrt{\frac{fM}{A}}$$

genügt. Ferner müssen wir voraussetzen, daß es möglich ist, die Tangentialgeschwindigkeit v_t von m gegenüber der Kanalwand so klein vorzugeben, daß

$$2v_tT < d$$

gilt, wobei T nunmehr die Schwingungsperiode von m ist. Die radiale Durchbohrung der homogenen Kugel M mit dem Radius A

$$M = \frac{4\pi}{3}\varrho A^3$$

geht vom Pol $x = +A$ zum Pol $x = -A$; der Schwerpunkt der Kugel liegt bei $x = 0$. Der Durchbohrungs-Kanal ist ein Kreiszylinder mit dem Durchmesser d, wobei gilt: $d \ll A$.

Die kleine Kugel m startet aus ihrer ursprünglichen Lage zum Zeitpunkt $t = 0$:

$$x = B < A, \quad \text{für } \dot{x} = 0.$$

Damit schwingt sie gemäß der im Schwerpunktsystem von M geltenden Bewegungsgleichung

$$\ddot{x} = -\frac{fMx}{A^2} = \mathfrak{F}x, \tag{12}$$

so daß

$$x = B\cos\left(\sqrt{\frac{fM}{A^3}}\,t\right) \tag{13}$$

und

$$\dot{x} = \sqrt{\frac{fM}{A^3}}\,B\sin\left(\sqrt{\frac{fM}{A^3}}\,t\right) \tag{14}$$

gilt, wobei

$$\sqrt{\frac{fM}{A^3}} = \sqrt{\frac{4\pi f\varrho}{3}} \tag{15}$$

die Schwingungsfrequenz und

$$T = 2\pi\sqrt{\frac{A^3}{fM}} \approx 10^4\ \text{s} \tag{16}$$

die Schwingungsdauer ist. Am Schwerpunkt $x = 0$ hat die Kugel m die Geschwindigkeit

$$\dot{x} = \sqrt{\frac{fM}{A^3}}\, B. \tag{17}$$

Die Amplitude B kann also durch die Messung der Geschwindigkeit $\dot{x}$ im Zentrum der Kugel bestimmt werden.

Im Kanal selbst besteht wegen der Divergenzfreiheit des freien Schwerefeldes eine auf den Kanalrand zielende Anziehung. Hat m die Tangentialgeschwindigkeit (senkrecht zur x-Richtung), so ist

$$\ddot{y} = \frac{fM}{A^3}\, y = \mathfrak{F}y \tag{18}$$

mit

$$-\frac{\partial}{\partial x}\, \mathfrak{F}x = \frac{\partial}{\partial y}\, \mathfrak{F}y. \tag{18a}$$

Startet dann m auf der x-Achse mit $y = 0$, so ist

$$y = b \sin\left(\sqrt{\frac{fM}{A^3}}\, t\right) \approx b \sqrt{\frac{fA}{MA^3}}\, t \approx \dot{y}t \tag{19}$$

und

$$\dot{y} = \sqrt{\frac{fM}{A^3}}\, b \cos\left(\sqrt{\frac{fM}{A^3}}\, t\right) \approx \sqrt{\frac{fM}{A^3}}\, b \approx \frac{2\pi b}{T}. \tag{19a}$$

Das heißt, m bewegt sich, ohne den Rand des Kanals während mehrerer Schwingungsperioden zu berühren, wenn

$$B \gg b$$

gilt.

Die sowieso kleinen Newtonischen Gezeiten können dadurch eliminiert werden, daß der Kanal senkrecht auf der Bahn des Satelliten steht. Die Bahnebene ist dann einfach durch $x = 0$ gegeben. Die Bestimmung von f wird zur Bestimmung der Kreisfrequenz

$$\omega^2 = \frac{4\pi^2}{T^2} = \frac{fM}{A^3}. \tag{20}$$

Aber außer den Newtonischen Gezeiten können nun wiederum die Gezeitenkräfte einer das System passierenden Gravitationsstrahlung wirken. Da diese Gezeiten hier nur längs der x-Richtung auftreten, folgt aus (9) mit (12) dann die Schwingungsgleichung

$$\ddot{x} = -\left(\frac{fM}{A^3} - R^x_{oox}\, c^2\right) x. \tag{21}$$

Hierbei ist R^x_{oox} wieder die entsprechende Komponente des Riemannschen Krümmungstensors der Gravitationsstrahlung.

Die Gravitationsstrahlung ist rein transversal und besitzt, wenn x^3 ihre Fortpflanzungsrichtung ist, einen Amplituden-Tensor mit den von Null verschiedenen Komponenten

$$h_{11} = -h_{22}, h_{12}.$$

Je nachdem, ob

$$\frac{fM}{A_3} - c^2 R^x_{oox} \gtrless 0 \tag{22}$$

gilt, ergibt sich eine stationäre Gravitationsstrahlung, d. h. für eine Strahlungsdauer $\Delta t \gg T$ entweder

$$x = B \cos \left(\sqrt{\frac{fM}{A^3}} - R^x_{oox} c^2 t \right) \tag{22a}$$

oder

$$x = B \operatorname{Cof} \left(\sqrt{c^2 R^x_{ooox} - \frac{fM}{A^3}}\, t \right). \tag{22b}$$

Im ersten Falle haben wir wieder eine harmonische Schwingung, aber mit der neuen, von der Gravitationsstrahlung beeinflußten Kreis-Frequenz

$$\omega^2 = \frac{fM}{A^3} - c^2 R^x_{oox}. \tag{23}$$

Im zweiten Falle ergibt sich ein exponentielles Anwachsen mit der Zeit t, und zwar so lange, bis die kleine Masse m aus dem Kanal herausgedrängt wird.

fM/A^3 ist sehr gut bekannt. Daher bestimmt die Zeitabhängigkeit der Amplitude x quantitativ die Komponente $R^x_{oox} c^2$ des Krümmungstensors der Gravitationsstrahlung. — Zwei Satelliten, deren Bahnen aufeinander senkrecht stehen, ergeben bereits ein „Gravitations-Teleskop", das es erlaubt, die Fortpflanzungsrichtung, die Richtung der Strahlungsquelle, zu bestimmen.

Die obigen Rechnungen gelten für stationäre Gravitationsstrahlung. Ein kurzzeitiger Strahlungsimpuls zur Zeit $t = t_0$ und von der Dauer $\Delta t \ll T$ bewirkt dagegen nur eine Änderung der Schwingungs-Amplitude gemäß

$$x = \left(B + \frac{1}{2}\, x[t_0]\; R^x_{oox} c^2 [\Delta t]^2 \right) \cos \left(\sqrt{\frac{fM}{A^3}}\, t \right). \tag{24}$$

Alle bisherigen Vorschläge zum Nachweis von Gravitationsstrahlung bezogen sich auf die Verwendung von Oszillatoren, deren „Rückstellkraft" x nicht-gravitativer Natur ist. Aber das ideale Meßsystem zur Gravitationsforschung ist die freie Bewegung im Gravitationsfeld. Unser Vorschlag kombiniert das Oszillator-Prinzip mit der freien Bewegung der Partikeln.

Das wesentliche experimentelle Problem ist die Notwendigkeit einer sehr kleinen Tangentialgeschwindigkeit v_t. Denn mit

$$T \geqq 10^4 \text{ s und } d \leqq 10^0 \text{ cm}$$

müßte gelten

$$v_t < 10^{-4} \text{ cm/s},$$

was kaum erreichbar sein dürfte. Deswegen ist es notwendig, die kleine Kugel m von der Kanalwand abzupuffern, und dies natürlich möglichst reibungslos.

Eine andere nicht-Newtonische Gezeitenkraft würde sich bei einer „partiellen Ab schirmung der Schwerkraft" durch Massenschichten der Dicke ΔR und der Dichte ϱ ergeben. An die Stelle der Feldstärke $\mathfrak{F}$ tritt im Innern der Kugel die abgeschwächte Feldstärke gemäß Laplace und Seeliger

$$\mathfrak{F}^* = \mathfrak{F} e^{-\lambda\varrho\Delta R}, \tag{25}$$

und die Poisson-Gleichung ist durch die Majoranasche Gleichung (Majorana 1920)

$$\frac{\partial \mathfrak{F}_x^*}{\partial x} = -\mathfrak{F}_x^* \lambda\varrho + 4\pi f\varrho \tag{26}$$

gegeben.

Die Majoranasche Absorptionskonstante λ von der Dimension „Fläche pro Masse" liefert die Himmelsmechanik, und die Experimente über das starke und das schwache Äquivalenzprinzip liefern die Abschätzung $\lambda = 10^{-15}\,\mathrm{cm^2\,g^{-1}}$. Theoretische Überlegungen führten zu der Hypothese, daß $\lambda \approx 10^{-22}/10^{-23}\,\mathrm{cm^2\,g^{-1}}$ betragen könnte, [d. h. $\lambda \approx hf/c^3h/\mu^2c$ (h = Plancksche Konstante, μ = Nukleonen-Masse)].

Eine verbesserte experimentelle obere Meßschranke ergibt sich in einem Satelliten-Laboratorium. Die große Kugel M sei jetzt eine Hohlkugel des Radius A, der Wand-Dicke ΔA mit der Massendichte ϱ. Im Inneren von M befindet sich eine kleine Kugel m mit dem Radius $a < A - \Delta A$. Auf m wirken relativ zu M in Sonnenrichtung die Newtonschen Gezeitenkräfte mit der Feldstärke

$$\frac{2fM^*}{s^3}\Delta x \approx 0{,}7\,\mathrm{gal}\,\frac{\Delta x}{s} \tag{27a}$$

und zusätzlich die Laplaceschen Gezeitenkräfte mit der Feldstärke

$$-\frac{\lambda\varrho\Delta A f M^*}{S^2} = -0{,}7\,\mathrm{gal}\,\lambda\varrho\Delta A. \tag{27b}$$

Nach (rechnerischem) Abzug des Einflusses der Newtonschen Gezeitenkraft ergibt dies für die Relativbewegung der kleinen Kugel m zum Mittelpunkt der großen Kugel M:

$$\ddot{x} = -|\mathfrak{F}|\,\lambda\varrho\Delta A, \tag{28}$$

d. h. einen freien Fall mit Fallbeschleunigung $|\mathfrak{F}|\,\lambda\varrho\Delta A$. Die Fallgeschwindigkeit $\dot{x}$ ist der Fallzeit Δt proportional und beträgt

$$\dot{x} \approx 0{,}7\,\mathrm{gal}\,\Delta t\lambda\varrho\Delta A.$$

Mit $\varrho \approx 10^1\,\mathrm{g\,cm^{-3}}$, $\Delta A \approx 10^2\,\mathrm{cm}$ ergibt dies

$$\dot{x} = \lambda\Delta t \cdot 10^3\,\mathrm{s^{-2}\,g\,cm^{-1}}.$$

Der Fallweg beträgt

$$\Delta x \approx \frac{1}{2}\dot{x}\Delta t \approx \lambda(\Delta t)^2 \cdot 10^3\,\mathrm{g\,cm^{-1}}.$$

Wäre also $\lambda \approx 10^{-15}\,\mathrm{g}^{-1}\,\mathrm{cm}^2$ (was himmelsmechanisch gerade noch möglich ist), so betrüge der Fallweg

$$\Delta x \approx 10^{-12}(\Delta t)^2\ \mathrm{cm\,s^{-2}}.$$

Es würde also nach einigen 10^6 s (einigen Monaten) eine Lageverschiebung von m gegenüber dem Schwerpunkt M resultieren, die mehrere Zentimeter beträgt und ohne weiteres meßbar wäre. — Die Meßgrenze liegt hier erst bei $\lambda \ll 10^{-15}\,\mathrm{g}^{-1}\,\mathrm{cm}^2$; der theoretisch interessante Wert $\lambda \approx 10^{-22}\,\mathrm{g}^{-1}\,\mathrm{cm}^2$ ist aber wohl nicht mehr nachprüfbar.

Anhang 2

Galilei-Invarianz, Gegenwirkungsaxiom und Massenmittelpunktsatz

In der klassischen Mechanik war es seit den Zeiten von JACOBI bis HELMHOLTZ eine als physikalische Folklore geltende Wahrheit, daß zwischen den raum-zeitlichen Symmetrien, die sich in Invarianzen eines HAMILTONschen Wirkungsprinzips widerspiegeln, korrespondierende Erhaltungssätze als 1. Integrale der Bewegungsgleichungen folgen. Die einfache Argumentation etwa in der berühmten Mechanik-Vorlesung von KIRCHHOFF 1876 ist:

Die Bewegungsgleichungen sind die EULER-LAGRANGEschen Gleichungen zu einem Wirkungs-Integral

$$W - \int_{t_1}^{t_2} L(q_A{}^i, \dot q_A{}^i, t)\,\mathrm{d}t \qquad (i = 1, 2, 3).$$

Hierbei soll entweder in cartesischen Koordinaten die LAGRANGE-Funktion L die Form

$$L = \frac{1}{2}\sum_A^N m_A(\dot x_A{}^i)^2 + U(x_A{}^i, \dot x_A{}^i, t) + \sum_\mu \lambda_\mu F_\mu(x_A{}^i, t) = T + U + \sum_\mu \lambda_\mu F_\mu \tag{2}$$

haben bzw. — in Polar-Koordinaten — die Form

$$L = \frac{1}{2}\sum_A^N m_A(\dot r_A{}^2 + r_A{}^2\dot\varphi_A{}^2 + r_A{}^2\sin^2\varphi_A\dot\vartheta_A{}^2) + U + \sum_\mu \lambda_\mu F_\mu. \tag{3}$$

In (2) und (3) ist T die kinetische Energie der N Partikeln mit den Massen m_A, und die Aussage, daß die kinetische Energie jeder Partikel in der Form

$$T_A = \frac{1}{2}\,m_A(\dot x^i)^2 = \frac{1}{2}\,m_A(\dot r_A{}^2 + r_A{}^2[\dot\varphi_A{}^2 + \sin^2\varphi_A\dot\vartheta_A{}^2]) \tag{4}$$

geschrieben werden kann, spiegelt die Symmetrieeigenschaften (Isotropie, Homogenität) des euklidischen Raumes wider.

$$U = U(x_A{}^i, \dot x_A{}^i, t) = \text{Skalar} \tag{5a}$$

ist das Wechselwirkungs-Potential, und

$$\sum_{\mu} \lambda_{\mu} F_{\mu} \tag{5b}$$

enthält die Zwangsbedingungen $F_{\mu} = 0$ zwischen den Partikeln mit den LAGRANGEschen Multiplikationen λ_u. Hängt dann

$$U + \sum_{\mu} \lambda_{\mu} F_{\mu} \tag{6}$$

von der cartesischen Koordinate $x_A^{(i)}$ einer Partikel A und der entsprechenden Geschwindigkeits-Koordinate $\dot{x}_A^{(i)}$ nicht explicite ab, so gilt

$$m\dot{x}_A^{(i)} = \text{const}; \tag{7}$$

der Impuls der Partikel A bleibt in der $x^{(i)}$-Richtung erhalten. Analoges gilt, wenn (in irgendwelchen Polarkoordinaten) (6) von einem Winkel φ_A bzw. ϑ_A und deren zeitlichen Ableitungen unabhängig ist; dann bleibt die entsprechende Komponente des Drehimpulses der Partikel A erhalten.

Im allgemeinen betrachtete man aber Wechselwirkungspotentiale U, die nicht von den Geschwindigkeiten abhängen, so daß sich die Aussagen entsprechend vereinfachen. Ferner war seit HELMHOLTZ evident (Erhaltung der Kraft, 1847), daß der Satz von der Erhaltung der Energie aussagte, daß Wechselwirkungspotentiale und Zwangsbedingungen explicite zeitunabhängig sind:

$$\frac{\partial}{\partial t} u = \frac{\partial}{\partial t} F_{\mu} = 0. \tag{8}$$

Darüber hinaus ließ sich der Zusammenhang zwischen der GALILEI-Invarianz, der Invarianz gegenüber den Transformationen der Form

$$\bar{x}_A^i = x_A^i + u^i t, \qquad u^i = \text{const}, \qquad \bar{t} = t + \text{const} \tag{9}$$

in ihrer Verbindung zum Massenmittelpunktsatz auf Grund einer Überlegung einsehen, die bis auf HUYGENS zurückgeht, die sogenannte „absolute Erhaltung der Energie" (Gültigkeit in allen Bezugssystemen).

Wir setzen voraus, daß in (6) nicht die absoluten Koordinaten und Geschwindigkeiten x_A^i, $\dot{x}_A^i$ eingehen, sondern nur die Differenzen (Relativ-Koordinaten und Relativ-Geschwindigkeiten)

$$x_{AB}^i = x_A^i - x_B^i, \; \dot{x}_{AB}^i = \dot{x}_A^i - \dot{x}_B^i. \tag{10}$$

Dann gilt ersichtlich

$$U(x_{AB}^i, \dot{x}_{AB}^i) = U(\bar{x}_{AB}^i, \dot{\bar{x}}_{AB}^i), \quad F_{\mu}(x_{AB}^i) = F(\bar{x}_{AB}^i). \tag{11}$$

Die Transformation der kinetischen Energien ergibt

$$\begin{aligned} \bar{T} &= \frac{1}{2} \sum_A m_A (\dot{\bar{x}}_A^i)^2 = \frac{1}{2} \sum_A m_A (\dot{x}^i)^2 + \frac{1}{2} \sum_A m_A (u^i)^2 + \sum_A m_A \dot{x}_A^i u^i \\ &= T + (u^i)^2 \frac{1}{2} \sum m_A + u^i \sum m_A \dot{x}_A^i. \end{aligned} \tag{12}$$

Die Erhaltung der Energie verlangt

$$\overline{T} = T + \text{const} = \text{const}, \tag{13}$$

woraus, weil u^i eine beliebige Konstante sein soll, der Satz für die Erhaltung des Massenmittelpunkts

$$\sum m_A \dot{x}_A{}^i = \text{const} \tag{14}$$

folgt.

Die Aussage, daß (6) nur von den Differenzen (10) abhängt, ist identisch mit dem NEWTONschen Gegenwirkungsaxiom; in der Tat gilt damit z. B. im Zweikörperproblem (ohne Bindungen)

$$m_A \ddot{x}_A{}^i = -m_B \ddot{x}_B{}^i = \frac{\partial u}{\partial x^i_{AB}} = -\frac{\partial u}{\partial x^i_{AB}} = K^i_{AB}. \tag{15}$$

Es ist nun aber — und CLAUSIUS wies 1877 in der 3. Auflage seiner Monographie: „Über die Potential-Funktion und das Potential" hierauf hin — keineswegs so, daß alle GALILEI-invarianten Bewegungsgleichungen dem Gegenwirkungsaxiom $K^i_{AB} = -K^i_{BA}$ genügen und damit den Massenmittelpunktsatz liefern. Hierzu ist vielmehr die Existenz eines Wechselwirkungspotentials

$$U = \sum_{A \geqq B} U_{AB} = U(x^i_{AB}, \dot{x}^r_{AB})$$

notwendig.

Betrachten wir der Einfachheit halber ein Zweikörperproblem $(A, B = 1, 2)$ und definieren mit CLAUSIUS eine Kraftfunktion

$$F(x^i_{AB}) = \Phi'(r_{AB}) \quad \text{mit} \quad r^2_{AB} = (x^i_{AB})^2, \tag{16}$$

die nur von den Relativ-Koordinaten x^i_{AB} abhängt. Ist dann Q_A die wirksame (aktive) Ladung des Teilchens A und damit

$$F_A{}^i = Q_A F \frac{x^i_{AB}}{r_{AB}}$$

der Kraftfluß, der vom Teilchen A ausgeht, und ist andererseits q_A die passive Ladung des Teilchens, mit der dieser Körper auf einen gegebenen Kraftfluß $F_B{}^i$ reagiert, so gelten die NEWTONschen Bewegungsgleichungen

$$m_A \ddot{x}_A{}^i = q_A Q_B F \frac{x^i_{AB}}{r_{AB}} = K^i_{AB} \tag{17a}$$

und

$$m_B \ddot{x}_B{}^i = q_B Q_A F \frac{x^i_{AB}}{r_{BA}} = K^i_{BA}, \tag{17b}$$

woraus für die Relativbewegung

$$\ddot{x}^i_{AB} = \ddot{x}_A{}^i - \ddot{x}_B{}^i = F \frac{x^i_{AB}}{r_{AB}} \left(\frac{q_A}{m_A} Q_B + \frac{q_B}{m_B} Q_A \right) \tag{18}$$

und für die Bewegung des Massenmittelpunktes

$$R^i = \frac{m_A x_A{}^i + m_B x_B{}^i}{m_A + m_B}$$

ebenfalls die nichtverschwindende Bewegung

$$\ddot{R}^i = F \frac{x^i_{AB}}{r_{AB}} \frac{(q_A Q_B - Q_A q_B)}{m_A + m_B} \tag{19}$$

folgt. Da die Kräfte K_{AB} und K_{BA} nur von den Koordinaten-Differenzen x^i_{AB} abhängen, sind sie GALILEI-invariant:

$$F(x^i_{AB}) = F(\bar{x}^i_{AB}). \tag{20}$$

Trotzdem sind Gegenwirkungsaxiom und Massenmittelpunktsatz gebrochen.

In der Tat kann mit

$$q_A \neq Q_A$$

nur dann ein Wechselwirkungspotential eingeführt werden, wenn dieses Potential in A und B symmetrisch ist:

$$U^*_{AB} = \frac{1}{2} \Phi[q_A Q_B + q_B Q_A]. \tag{21}$$

Dieses Wechselwirkungspotential würde dann auf

$$m_A \ddot{x}_A{}^i = \frac{1}{2} F \frac{x^i_{AB}}{r_{AB}} [q_A Q_B + q_B Q_A], \tag{22a}$$

$$m_B \ddot{x}_B{}^i = -\frac{1}{2} F \frac{x^i_{AB}}{r_{AB}} [q_A Q_B + q_B Q_A], \tag{22b}$$

$$\ddot{x}^i_{AB} = \frac{1}{2} F \frac{x^i_{AB}}{r_{AB}} \left[\frac{q_A}{m_A} Q_B + q_B \frac{Q_A}{m_A} + q_A \frac{Q_B}{m_B} + \frac{q_B}{m_B} Q_A\right] \tag{23}$$

und natürlich auf den Massenmittelpunktsatz

$$\ddot{R}^i = 0 \tag{24}$$

führen. — Andernfalls verlangt das Gegenwirkungsaxiom die Gleichheit von aktiver und passiver Ladung

$$q_A = Q_A, \tag{25}$$

wie dies CLAUSIUS betont hat.

In der Gravitationsdynamik unterscheiden wir nach dem Sprachgebrauch der Allgemeinen Relativitätstheorie zwischen der trägen Masse der Teilchen m, der passiven schweren Masse M und der aktiven schweren Masse $\mathfrak{M}$. Es ist hier

$$q_A = M_A, \quad Q_A = \mathfrak{M}_A \neq f M_A, \tag{26}$$

wobei f die NEWTONsche Gravitationskonstante ist. Damit lauten die NEWTONschen Bewegungsgleichungen mit $F = -\frac{1}{r^2_{AB}}$ für das himmelsmechanische Zweikörperproblem

$$m_A \ddot{x}_A{}^i = -\frac{x^i_{AB}}{r^3_{AB}} M_A \mathfrak{M}_B \tag{27a}$$

und

$$m_B \ddot{x}_B{}^i = -\frac{x^i_{BA}}{r^3_{AB}} M_B \mathfrak{M}_A \tag{27b}$$

mit der Relativbewegung

$$\ddot{x}^i_{AB} = -\frac{x^i_{AB}}{r^3_{AB}} \left(\frac{M_A}{m_A} \mathfrak{M}_B + \frac{M_B}{m_B} \mathfrak{M}_A \right) \tag{28}$$

und der Bewegung des Massenmittelpunktes

$$(m_A + m_B) \ddot{R}^i = m_A \ddot{x}_A{}^i + m_B \ddot{x}_B{}^i = -\frac{x^i_{AB}}{r^3_{AB}} (M_A \mathfrak{M}_B - M_B \mathfrak{M}_A). \tag{29}$$

Entsprechend der GALILEIschen Äquivalenz von Trägheit und passiver Schwere — „alle Körper fallen gleich schnell" —, d. h. gemäß EINSTEINS Prinzip der schwachen Äquivalenz, sind nun träge und passive schwere Masse identifizierbar:

$$m_A = M_A. \tag{30}$$

Damit bekommen dann die Bewegungsgleichungen die übliche himmelsmechanische Form

$$\ddot{x}_A{}^i = -\frac{x^i_{AB}}{r^3_{AB}} \mathfrak{M}_B, \tag{31a}$$

$$\ddot{x}_B{}^i = \frac{x^i_{AB}}{r^3_{AB}} \mathfrak{M}_A \tag{31b}$$

und

$$\ddot{x}^i_{AB} = -\frac{x^i_{AB}}{r^3_{AB}} (\mathfrak{M}_A + \mathfrak{M}_B). \tag{32}$$

Nach wie vor ist der Massenmittelpunkt beschleunigt:

$$(m_A + m_B) \ddot{R}^i = -\frac{x^i_{AB}}{r^3_{AB}} (m_A \mathfrak{M}_B - m_B \mathfrak{M}_A), \tag{33}$$

jedoch gilt nunmehr der Satz von der Erhaltung des Schwerpunktes, der unbeschleunigten Bewegung des gemeinsamen Schwerezentrums

$$s^i = \frac{\mathfrak{M}_A x_A{}^i + \mathfrak{M}_B x_B{}^i}{\mathfrak{M}_A + \mathfrak{M}_B}, \tag{34}$$

nämlich

$$(\mathfrak{M}_A + \mathfrak{M}_B) \ddot{s}^i = \mathfrak{M}_A \ddot{x}_A{}^i + \mathfrak{M}_B \ddot{x}_B{}^i = -\mathfrak{M}_A \mathfrak{M}_B \frac{1}{r^3_{AB}} (x^i_{AB} + x^i_{BA}) = 0. \tag{35}$$

Für das Energie-Integral finden wir den Ausdruck

$$\frac{\mathfrak{M}_A}{2}(\dot{x}_A{}^i)^2 + \frac{\mathfrak{M}_B}{2}(\dot{x}_B{}^i)^2 - \mathfrak{M}_A\mathfrak{M}_B\Phi = \text{const}, \tag{36}$$

der ebenfalls nur die aktiven schweren Massen enthält und der absoluten Gültigkeit des Schwerpunktsatzes in allen Galileischen Bezugssystemen entspricht.

Wählen wir das Koordinatensystem so, daß der Schwerpunkt im Koordinaten-Ursprung ruht:

$$S^i(\mathfrak{M}_A + \mathfrak{M}_B) = \mathfrak{M}_A x_A{}^i + \mathfrak{M}_B x_B{}^i = 0, \tag{37a}$$

so gilt

$$x_A{}^i = -\frac{\mathfrak{M}_B}{\mathfrak{M}_A}\, x_B{}^i \tag{37b}$$

und

$$x_B{}^i = -\frac{\mathfrak{M}_A}{\mathfrak{M}_B}\, x_A{}^i. \tag{37c}$$

Damit erhalten wir für die Beziehung zwischen den Relativkoordinaten x^i_{AB} und den Partikelkoordinaten $x_A{}^i$, $x_B{}^i$ bzw. den Massenmittelpunkt-Koordinaten R^i

$$x_A{}^i = \frac{\mathfrak{M}_B}{\mathfrak{M}_A + \mathfrak{M}_B}\, x^i_{AB}, \tag{38a}$$

$$x_B{}^i = -\frac{\mathfrak{M}_A}{\mathfrak{M}_A + \mathfrak{M}_B}\, x^i_{AB} \tag{38b}$$

und

$$R^i = x^i_{AB}\, \frac{m_A\mathfrak{M}_B - m_B\mathfrak{M}_A}{(m_A + m_B)(\mathfrak{M}_A + \mathfrak{M}_B)}. \tag{38c}$$

Das heißt, im Ruhesystem des Schwerpunktes $S^i = 0$ bewegen sich sowohl die Partikeln als auch ihr gemeinsamer Mittelpunkt auf Kepler-Ellipsen, die gegenüber der Kepler-Ellipse der Relativbewegung um die Faktoren

$$\frac{\mathfrak{M}_B}{(\mathfrak{M}_A + \mathfrak{M}_B)}, \quad \frac{-\mathfrak{M}_A}{(\mathfrak{M}_A + \mathfrak{M}_B)},$$

bzw.

$$\frac{m_A\mathfrak{M}_B - m_B\mathfrak{M}_A}{(m_A + m_B)(\mathfrak{M}_A + \mathfrak{M}_B)}$$

verkleinert sind.

Wir sehen so auch, daß bei Gültigkeit des schwachen Äquivalenzprinzips, $m = M$, rein himmelsmechanisch das Newtonsche Gegenwirkungsaxiom $K^i_{AB} = -K^i_{BA}$ für die gravitative Wechselwirkung nicht testbar ist. Bei Proportionalität von träger und passiver schwerer Masse führt die Himmelsmechanik zu denselben Bewegungsgleichungen für die Körper und zu denselben Aussagen über ihr Schwerezentrum S^i wie bei zusätzlicher Erfüllung des Gegenwirkungsaxioms mit $\mathfrak{M}_a = f M_A$.

Literatur

ABRAHAM, M., Theorie der Elektrizität. Vol. 2, 4. Aufl., B. G. Teubner, Leipzig 1920.

AMALDI, E. und PIZZELA, G., Search for Gravitational Waves. In: F. DE FINIS: Relativity, Quanta, Cosmology. New York 1979, pp. 9–139.

BIRKHOFF, G. D., Relativity and Modern Physics. University Press, Cambridge 1923.

CHIU, H.-Y. und HOFFMANN, W. F., Gravitation and Relativity. W. A. Benjamin, New York 1964.

DICKE, R. H., The Significance of Experimental Relativity. New York 1961.

DRUDE, P., Über Fernewirkungen. Ann. d. Phys., Leipzig, Beiheft 1897.

EDDINGTON, A. S., Relativitätstheorie in mathematischer Betrachtung. Springer, Berlin 1925.

EINSTEIN, A., Die Grundlagen der Allgemeinen Relativitätstheorie. J. A. Barth, Leipzig 1910.

EINSTEIN, A. und GROSSMANN, M., Entwurf einer Verallgemeinerten Relativitätstheorie und eine Theorie der Gravitation. B. G. Teubner, Berlin-Leipzig 1913.

EINSTEIN, A., Die Grundlagen der Allgemeinen Relativitätstheorie. J. A. Barth, Leipzig 1916.

EINSTEIN, A., Geometrie und Erfahrung. J. Springer, Berlin 1921.

EINSTEIN, A., The Meaning of Relativity. University Press, Princeton, Lager editions 1945, 1956 (1921).

EINSTEIN, A., Grundzüge der Relativitätstheorie. 5. Aufl., F. Vieweg, Berlin-Braunschweig 1969.

EINSTEIN, A., Akademie-Vorträge. Wiederabdruck, Akademie-Verlag Berlin 1979.

EINSTEIN, A., Grundzüge der Relativitätstheorie. 3. Aufl., Akademie-Verlag Berlin 1979.

EINSTEIN, A., Über Spezielle und Allgemeine Relativitätstheorie. 1. Aufl., Vieweg Braunschweig 1979.

EÖTVÖS, R., Gesammelte Arbeiten. Budapest 1950.

FOCK, V. A., Teorija Prostranstwa, Vremeni i Tjagotenija, Fizmatizdat. Moscow (1955) (Deutsche Übersetzung: Theorie von Raum, Zeit und Gravitation, Akademie-Verlag Berlin 1960).

FOKKER, A. D., Time and Space, Weight and Inertia. Pergamon Press, Elmsford (New York) 1965.

FRIEDLÄNDER, B. und J., Absolute oder Relative Bewegung? L. Simion, Berlin 1896.

ISENKRAHE, C., Das Rätsel von der Schwerkraft. F. Vieweg, Braunschweig 1879.

IVANENKO, D., Katalog der Gravitationstheorien. In: H.-J. TREDER, Gravitationstheorie und Äquivalenzprinzip. Moskau 1973.

JÁNNOSSY, L., Relativity Based on Reality. Akademia Kledó, Budapest 1971.

LAPLACE, P. S. DE, Mecanique céleste. V. Paris 1825.

LAUE, M. v., Das Relativitätsprinzip. Braunschweig, Vieweg 1913.

LAUE, M. v., Die Relativitätstheorie. Bd. II, 3. Aufl. Braunschweig 1953.

LAUE, M. v., Die Relativitätstheorie. Bd. II, 4. Aufl., Vieweg, Braunschweig 1956.

LOMONOSSOW, M. W., Ausgewählte Schriften. Bd. I, Berlin 1961.

MACH, E., Die Mechanik in ihrer Entwicklung. F. A. Brockhaus, Leipzig 1883, 9 ed. 1933.

MACH, E., Die Mechanik in ihrer Entwicklung. (1883), F. A. Brockhaus, Leipzig 1912, 8 ed.

MAJORANA, Q., Phil. Mag. **39** (1920), 488.

MERCIER, A., TREDER, H.-J. und YOURGRAU, W., On General Relativity. Akademie-Verlag Berlin 1979.

MISNER, G. W., THORN, K. S. und WHEÉLER, J. A., Gravitation. San Francisco 1973.

NEUMANN, C., Über die Prinzipien der Elektrodynamik. Universitäts-Buchhandlung, Tübingen 1868.

Neumann, C., Allgemeine Untersuchungen über die Newtonsche Theorie der Fernwirkung. B. G. Teubner, Leipzig 1896.

Newton, I., Philosophiae Naturalis Principia Mathematica. (London 1687), Bd. I und II, eds. A. Koyré und J. B. Cohen, University Press, Cambridge 1972.

Newton, I., Papers and Letters on Natural Philosophy. (Ed. J. B. Cohen) 2. ed. University Press, Cambridge 1978.

Oppenheim, S., Kritik des Newtonschen Gravitationsgesetzes. Enzyklopädie d. Math.-Wissensch. B. VI, 2. ed., B. G. Teubner, Leipzig 1920.

Pauli, W., Theory of Relativity. Pergamon Press 1958.

Poynting, J. H. und Thomson, J. J., Gravitation. In: Properties of Matter. London (Griffin) 1902.

Riemann, B., Schwere, Elektricität und Magnetismus. C. Rümpler, Hannover 1875.

v. Seeliger, H., Über das Newtonsche Gravitationsgesetz. Astronomische Nachrichten, **137** (1895), 129—136.

Shapiro, I. I., Testing General Relativity with Radar. Phys. Rev. **141** (1966), 1219.

Shapiro, I. J., Experimental Test of General Relativity. In: Relativity, Quanta, Cosmology. Vol. II. New York (Johnson) 1979.

Steenbeck, M., Probleme und Ergebnisse der Elektro- und Magnethydrodynamik. AdW der DDR. Akademie-Verlag Berlin 1961.

Steenbeck, M. und Krause, F., Astronomische Nachrichten **291** (1969), 49.

Steenbeck, M., Einstein-Symposium 1965 — Gravitationstheorie und Theorie der Elementarteilchen. Berlin 1979.

Steenbeck, M. und Treder, H.-J., Zur Bestimmung der Gravitationskonstanten. Astronomische Nachrichten **303** (1982), 277.

Thiessen, P. A. und Treder, H.-J., Gibt es Oberflächeneffekte der Gravitation? Gerlands Beiträge **91** (1982), 97—107.

Tisserand, M. F., Traité de Mécanique Céleste. Vols. I—V, Gauthier-Villars, Paris 1894.

Treder, H.-J., Gravitationstheorie und Äquivalenzprinzip. Akademie-Verlag Berlin 1971.

Treder, H.-J., Die Relativität der Trägheit. Akademie-Verlag Berlin 1972.

Treder, H.-J., v. Borzeskowski, H.-H., van der Merwe, A. und Yourgrau, W., Fundamental Principles of General Relativity. New York and London 1980.

Weyl, H., Raum — Zeit — Materie. 5. Aufl., Springer, Berlin 1923.

Wiechert, E., Die Mechanik im Rahmen der Allgemeinen Physik. In: E. Lecher (ed.), Physik. B. G. Teubner, Leipzig 1925.

Zenneck, J., Gravitation. In: Encyklopädie der mathematischen Wissenschaften. Leipzig 1903, Bd. 5, Art. 24, S. 26—72.

The Newtonian Gravitational Constant. — An Index of Measurements (Et. G. T. Gillies). Bureau International des Poids et Mesures. Sèvres 1982.

Bei Fragen zur Produktsicherheit wenden Sie sich bitte an:
If you have any questions regarding product safety,
please contact:

Walter de Gruyter GmbH
Genthiner Straße 13
10785 Berlin
productsafety@degruyterbrill.com